中国林业植物授权新品种
(2012)

国家林业局科技发展中心 编
(国家林业局植物新品种保护办公室)

中国林业出版社

图书在版编目（CIP）数据

中国林业植物授权新品种 (2012) / 国家林业局科技发展中心（国家林业局植物新品种保护办公室）编 . —北京： 中国林业出版社，2013.4

ISBN 978-7-5038-7008-8

Ⅰ . ①中… Ⅱ . ①国… Ⅲ . ①森林植物—品种—汇编—中国 — 2012
Ⅳ . ① S718.3

中国版本图书馆 CIP 数据核字 (2013) 第 066569 号

出版：中国林业出版社
E-mail：cfphz@public.bta.net.cn 电话：（010）83226967
社址：北京西城区德内大街刘海胡同 7 号 邮编：100009
发行：中国林业出版社
印刷：北京卡乐富印刷有限公司
开本：787mm×1092mm 1/16
版次：2013 年 4 月第 1 版
印次：2013 年 4 月第 1 次
印张：8.25
字数：220 千字
印数：1 ～ 2000 册
定价：98 元

中国林业植物授权新品种
(2012)
编 委 会

前　言

我国于 1997 年 10 月 1 日开始实施《中华人民共和国植物新品种保护条例》（以下称《条例》），1999 年 4 月 23 日加入国际植物新品种保护联盟。根据《条例》的规定，农业部、国家林业局按照职责分工共同负责植物新品种权申请的受理和审查，并对符合《条例》规定的植物新品种授予植物新品种权。国家林业局负责林木、竹、木质藤本、木本观赏植物（包括木本花卉）、果树（干果部分）及木本油料、饮料、调料、木本药材等植物新品种权申请的受理、审查和授权工作。

国家林业局对植物新品种保护工作十分重视，早在 1997 年成立了植物新品种保护领导小组及植物新品种保护办公室；2001 年批准成立了植物新品种测试中心及 5 个分中心、2 个分子测定实验室；2002 年成立了植物新品种复审委员会；2005 年以来，陆续建成了月季、一品红、牡丹、杏、竹子 5 个专业测试站，基本形成了植物新品种保护机构体系框架。我国加入 WTO 以后，对林业植物新品种保护提出了更高的要求。为了适应新的形势需要，我们采取有效措施，加强林业植物新品种宣传，不断增强林业植物新品种保护意识，并制定有效的激励措施和扶持政策，有力推动了林业植物新品种权总量的快速增长。截至 2012 年底，共受理国内外林业植物新品种申请 1084 件，其中国内申请 861 件，占总申请量的 79%；国外申请 223 件，占 21%。共授予植物新品种权 500 件，其中国内申请授权数量占 79%，国外申请授权数量占 21%。授权的植物种类中，观赏植物约占 66%，林木占 20%，果树占 9%，木质藤本、竹子等其他占 5%。其中 2012 年共受理国内外林业植物新品种申请 222 件，授权 169 件。这充分表明，林业植物新品种权的申请和授权数量在大幅增加，林业植物新品种保护事业已经进入快速发展时期。

植物新品种保护制度的实施大幅提升了社会对植物品种权的保护意识，同时带来了林业植物新品种的大量涌现，这些新品种已在我国林业生产建设中发挥重要作用。为了方便生产单位和广大林农获取信息，更好地为发展生态林业、民生林业和建设美丽中国服务，在以往工作的基础上，我们将 2012 年 4 月到 12 月期间授权的 116 个林业植物新品种汇编成书。希望该书的出版，能在生产单位、林农和品种权人之间架起沟通的桥梁，使生产者能够获得所需的新品种，在推广和应用中取得更大的经济效益，同时，品种权人的合法权益能够得到有效的保护，获得相应的经济回报，使林业植物新品种在发展现代林业、建设生态文明、推动科学发展中发挥更大作用。

在本书的编写整理过程中，承蒙品种权人、培育人鼎力协助，提供授权品种的相关资料及图片，使本书编写工作顺利完成，特此致谢。编写过程中虽然力求资料完整准确，但匆忙中难免有疏漏之处，请大家不吝指正。

编委会

二〇一三年四月

目　录

玫玉

（山茶属）

联系人：张亚利
联系方式：13482365779　国家：中国

申请日：2011-6-9
申请号：20110036
品种权号：20120054
授权日：2012-7-31
授权公告号：第1208号
授权公告日：2012-7-31
品种权人：上海植物园
培育人：费建国、胡永红、张亚利、刘炤、李健

品种特征特性：'玫玉'是以 '黑椿'为母本、连蕊茶原种为父本杂交选育获得。灌木，半开张。芽紫绿色，簇生，嫩枝黄褐色，叶稠密，互生，近十字状排列，水平或稍下垂，披针形，长 6.5～7.5cm，宽 3～3.5cm，横截面平坦，细齿缘，叶基楔形，叶尖渐尖，叶厚度中等，叶面光泽弱，叶背无毛，叶柄短，成熟叶片绿色或深绿色，嫩叶红褐色；花芽顶生或腋生，萼片覆瓦状排列，卵形，褐色，花小、单瓣，花瓣顶端微凹，边缘全缘，花瓣卵形，花瓣 5 枚，花径 2.5～3.5cm，花玫瑰红色（57D～C），雄蕊数量中等，筒形，基部连生，无瓣化，柱头3浅裂，雄蕊与雌蕊近等高，子房被毛，花期早，上海地区 2 月上旬～3 月下旬。
'玫玉'与近似种（品种）比较的不同点如下：

品种名称	花色	花型	花径
'玫玉'	玫瑰红色	单瓣	2.5～3.5cm
'黑椿'	黑红色	半重瓣	6～8cm
父本：连蕊茶原种	白色，边缘略带粉色	单瓣	1.5cm

俏佳人

（山茶属）

联系人：张亚利
联系方式：13482365779　国家：中国

申请日：2011-6-9
申请号：20110037
品种权号：20120055
授权日：2012-7-31
授权公告号：第1208号
授权公告日：2012-7-31
品种权人：上海植物园
培育人：费建国、胡永红、张亚利、刘炤、李健

品种特征特性：'俏佳人'是以'黑椿'为母本、连蕊茶原种为父本杂交选育获得。灌木，开张。芽紫红色，簇生，嫩枝黄褐色，叶稠密，互生，近十字状排列，水平或稍下垂，披针形，长6.5～7.5cm，宽3～3.5cm，横截面平坦，细齿缘，叶基楔形，叶尖渐尖，叶脉中等，叶厚度中等，叶面光泽弱，叶背无毛，叶柄短，成熟叶片绿色或深绿色，嫩叶红褐色；花芽顶生或腋生，萼片覆瓦状排列，卵形，褐色，花小，半重瓣，花瓣顶端微凹，边缘全缘，花瓣卵形，花瓣9～11枚，花径2.5～3.5cm，外轮花瓣粉色，内轮花瓣淡粉色或近白色，雄蕊少量，茶梅形，基部离生，部分瓣化，柱头3浅裂，雌蕊高于雄蕊，子房无毛，花期早，上海地区2月中下旬～4月上旬。'俏佳人'与近似种（品种）比较的不同点如下：

品种名称	花色	花型	花径
'俏佳人'	粉白色	半重瓣	2.5～3.5cm
'黑椿'	黑红色	半重瓣	6～8cm
父本：连蕊茶原种	白色，边缘略带粉色	单瓣	1.5cm

玉龙红翡

（梅）

联系人：王佳
联系方式：13910229248   国家：中国

申请日：2011-1-27

申请号：20110004

品种权号：20120056

授权日：2012-7-31

授权公告号：第1208号

授权公告日：2012-7-31

品种权人：北京林业大学、丽江得一食品有限责任公司、国家花卉工程技术研究中心

培育人：张启翔、吕英民、程堂仁、王佳、李彦、蔡邦平、张强英、杨炜茹、潘会堂、孙明、潘卫华、邓黔云、李文静、张玲

品种特征特性：'玉龙红翡'是在云南丽江海拔2300m地区实生选育获得。'玉龙红翡'树冠开张，主干表面颜色为紫褐色，枝刺少，新生木质部绿白色。花芽1～2枚着生，花中密，花梗短；花萼深绛紫色，萼片5枚；花蕾白色，顶端有复色；花瓣5枚，单瓣浅碗型，白色，有色晕；雄蕊40～53（47），雄蕊短于花瓣，柱头外露，绿白色。花期相对早。果扁圆较小，果色黄红，极美观；果实酸度高，大小均匀，稳产丰产性能明显，成熟期一致，便于工业化、规模化加工。'玉龙红翡'与近似品种'丽江照水'比较的不同点如下：

品种名称	花色	花萼	花期	果实
'玉龙红翡'	白色	深绛紫色	相对'丽江照水'早	扁圆较小，果色黄红
'丽江照水'	粉色	绛紫色	相对'玉龙红翡'晚	果实中等，果色黄绿

宫粉照水

（梅）

联系人：王佳

联系方式：13910229248　　国家：中国

申请日：2011-1-27

申请号：20110005

品种权号：20120057

授权日：2012-7-31

授权公告号：第1208号

授权公告日：2012-7-31

品种权人：北京林业大学、丽江得一食品有限责任公司、国家花卉工程技术研究中心

培育人：张启翔、吕英民、程堂仁、王佳、李彦、蔡邦平、张强英、杨炜茹、潘会堂、孙明、孙丽丹、石文芳、潘卫华、邓黔云、李文静、张玲

品种特征特性：'宫粉照水'是在云南丽江海拔1700～1800m地区实生选育获得。'宫粉照水'树形卵圆形，树姿直立，主干表面颜色为灰褐色。花芽1～2枚着生，着花极繁密；花萼黄绿或暗绿，萼片5枚；花蕾椭圆形，花蕾中心无孔；花重瓣碟形，粉色，雄蕊变瓣，花药黄色；柱头绿白色不外露。花期相对早，花繁茂，果期早。果实酸度较高，大小均匀，稳产丰产性能明显，成熟期一致，便于工业化、规模化加工。'宫粉照水'与近似品种 '丽江照水'比较的不同点如下：

品种名称	花型	子房特征	花期	花量
'宫粉照水'	花重瓣碟形，粉色	子房多2个并生	相对'丽江照水'早	着花繁密
'丽江照水'	花单瓣，淡粉色	子房单生	相对'宫粉照水'晚	花量一般

玉龙绯雪

（梅）

联系人：王佳

联系方式：13910229248　　国家：中国

申请日：2011-1-27

申请号：20110006

品种号：20120058

授权日：2012-7-31

授权公告号：第1208号

授权公告日：2012-7-31

品种权人：丽江得一食品有限责任公司、北京林业大学、国家花卉工程技术研究中心

培育人：潘卫华、张启翔、邓黔云、李文静、张玲、吕英民、程堂仁、王佳、李彦、张强英、潘会堂、孙明

品种特征特性：'玉龙绯雪'是在云南丽江海拔 2300m 地区实生选育获得。'玉龙绯雪'花蕾复色，花瓣白色，花萼绛紫色；花多簇生枝端，极其繁密。果实有机酸含量相对较高，大小均匀，稳产丰产性能明显，成熟期一致，便于工业化、规模化加工。'玉龙绯雪'与近似品种 '丽江照水'比较的不同点如下：

品种名称	花色	花蕾	花期	花量
'玉龙绯雪'	花色白色	花蕾复色	相对'丽江照水'早	着花极繁密
'丽江照水'	花色淡粉	花蕾粉色	相对'丽江绯雪'晚	花量一般

丽云宫粉

（梅）

联系人：王佳
联系方式：13910229248　国家：中国

申请日： 2011-3-3
申请号： 20110007
品种权号： 20120059
授权日： 2012-7-31
授权公告号： 第1208号
授权公告日： 2012-7-31
品种权人： 北京林业大学、昆明市黑龙潭公园、国家花卉工程技术研究中心
培育人： 张启翔、华珊、程堂仁、吕英民、王佳、吴建新、聂雅萍、刘敬

品种特征特性：'丽云宫粉'为真梅系宫粉品种群品种'小宫粉'的芽变品种。'丽云宫粉'主干灰紫褐色，小枝暗黄绿色半洒古铜晕或灰斑，直上或斜出；昆明地区1月中下旬盛花，晚花品种；花1～2朵多单朵着生，着花稀疏；花蕾卵圆形，顶圆，粉白底色洒红晕；花浅碗至碟形，花径1.9～2.8（2.3）cm；花瓣正反两面均粉白色近白色，洒不均匀之堇紫色晕；花瓣17～29（21）枚，花瓣不规则，外瓣略大，内瓣多皱而乱；雄蕊等长于花瓣，雌蕊2～3枚，发达或台阁化；花萼多5枚，淡绿底色被绛紫所掩，平展至略反曲，扁圆形；花梗中长至长（0.4～0.8cm），中粗，使花呈照水状；花清甜香；花芯正常或台阁化，台阁率30%，不结实。'丽云宫粉'与近似品种'小宫粉'比较的不同点如下：

品种名称	花型	花梗	花色	花期
'丽云宫粉'	浅碗型至碟形	中长至长（0.4～0.8cm）	粉白近白色，洒不均匀之堇紫色晕	晚花品种
'小宫粉'	碟形	短（0.1～0.2cm）	粉红至粉白色，色均匀	中花品种

锦粉

（梅）

联系人：王佳
联系方式：13910229248　国家：中国

申请日：2011-3-3
申请号：20110008
品种权号：20120060
授权日：2012-7-31
授权公告号：第1208号
授权公告日：2012-7-31
品种权人：北京林业大学、昆明市黑龙潭公园、国家花卉工程技术研究中心
培育人：张启翔、华珊、程堂仁、吕英民、王佳、吴建新、聂雅萍、刘敬

品种特征特性：'锦粉'为真梅系宫粉品种群品种'飞碟'的芽变品种。'锦粉'主干灰褐色，当年生小枝暗绿底色洒金黄、橙红条纹或全部呈现鲜艳橘红色，直上或斜出；昆明地区1月下旬盛花，晚花品种；花1～3朵多单朵着生，着花繁密；花蕾近圆球形，无孔，亮丽堇紫色；花浅碗至碟形，花径1.2～2.1（1.8）cm；花瓣正反两面均匀堇紫色；花瓣14～18（15）枚，花瓣多圆形，小而不规则，略皱；雌蕊多退化成空心或1枚，发达；花萼多5少6枚，绿底色被绛紫所掩，平展至反曲；花梗短；花清杏香；不结实。'锦粉'与近似品种'飞碟'比较的不同点如下：

品种名称	一年生枝条	花径	花色	花期
'锦粉'	鲜艳金黄或橘红色	1.2～2.1cm	均匀堇紫色，不鲜艳	晚花品种
'飞碟'	暗绿底色洒古铜晕	1.6～3.2cm	粉白至粉红色，瓣端常具堇紫色晕	中花品种

碗绿照水

（梅）

联系人：王佳

联系方式：13910229248   国家：中国

申请日：2011-3-3

申请号：20110009

品种权号：20120061

授权日：2012-7-31

授权公告号：第1208号

授权公告日：2012-7-31

品种权人：北京林业大学、昆明市黑龙潭公园、国家花卉工程技术研究中心

培育人：张启翔、华珊、程堂仁、吕英民、王佳、吴建新、聂雅萍、刘敬

品种特征特性：'碗绿照水'为真梅系绿萼品种群品种'大花绿萼'的芽变品种。'碗绿照水'主干灰紫褐色，小枝暗绿色，直上或斜出；昆明地区1月中旬盛花；花1～2朵着生，着花繁密；花蕾乳白色，无孔，扁圆形；花深碗型，但开放后呈浅碗型且外层花瓣常外翻；花径2.3～3.0（2.6）cm；花瓣正反两面均乳白色，花瓣15～16（15）枚；雄蕊略短于花瓣，辐射状；雌蕊1～3枚，发达或退化；花萼多5少6枚，淡黄绿色，平展或略扣向花瓣基部；花梗短至中长，花呈照水状；花清香；不结实。'碗绿照水'与近似品种'大花绿萼'比较的不同点如下：

品种名称	花型	花蕾	花瓣	花期
'碗绿照水'	深碗型，花照水状	扁圆形，顶圆，乳白色	15～16枚，数量均匀	比'大花绿萼'早25天左右
'大花绿萼'	浅碗至碟形，非照水状	卵形，顶尖，乳黄色	14～19枚，均有雄蕊变瓣、碎瓣或萼变瓣	比'碗绿照水'晚25天左右

晚云

(梅)

联系人：王佳

联系方式：13910229248　国家：中国

申请日：2011-3-3

申请号：20110010

品种权号：20120062

授权日：2012-7-31

授权公告号：第1208号

授权公告日：2012-7-31

品种权人：北京林业大学、昆明市黑龙潭公园、国家花卉工程技术研究中心

培育人：张启翔、华珊、程堂仁、吕英民、王佳、吴建新、聂雅萍、刘敬

品种特征特性：‘晚云’为真梅系宫粉品种群的实生变异品种。‘晚云’树冠扁球形，主干灰褐色，小枝暗绿色半洒古铜晕或灰斑，直上或斜出；昆明地区2月上中旬盛花；花多单朵着生在中、短及束花枝上，着花中密；花蕾堇紫色，圆球形，顶圆；花起伏碟状，多3～4层紧叠；花径2.9～3.4(3.2)cm；花瓣正面粉白色，在瓣端洒堇紫色晕，反两不均匀之堇紫色，不鲜艳；花瓣16～25(22)枚，多不规则，边缘多波皱起伏，内层花瓣比外层花瓣小；雄蕊短于花瓣，四射状；雌蕊台阁状或台阁花，台阁率95%以上，常呈粉红色；花萼多5少6枚，扁圆形，顶微尖，平展，绿底色被绛紫所掩；花梗短至中长；花浓甜香；不结实。‘晚云’与近似品种‘红怀孢子’比较的不同点如下：

品种名称	花型	花径	花瓣	花色	花期
‘晚云’	起伏飞舞之碗型	2.9～3.4cm	16～24枚	不均匀之堇紫色至粉白色，色旧而不鲜艳	昆明2月上中旬盛花，晚花品种
‘红怀孢子’	浅碗至碟形	1.6～2.8cm	22～30枚	鲜艳堇紫色或桃红色	昆明1月上中旬盛花，早花品种

皱波大宫粉

(梅)

联系人：王佳

联系方式：13910229248　国家：中国

申请日：2011-3-3
申请号：20110011
品种权号：20120063
授权日：2012-7-31
授权公告号：第1208号
授权公告日：2012-7-31
品种权人：昆明市黑龙潭公园、北京林业大学、国家花卉工程技术研究中心
培育人：张启翔、华珊、吴建新、聂雅萍、刘敬、程堂仁、吕英民、王佳

品种特征特性：'皱波大宫粉'为真梅系宫粉品种群的实生变异品种。'皱波大宫粉'主干灰紫褐色，小枝暗黄绿色半洒古铜晕或灰斑，直上或斜出；昆明地区1月上旬盛花；1～2朵着生在长、中、短、刺及束花枝上，着花繁密；花蕾桃红至玫红色，柱头外露，卵形至扁球形；花浅碗至碗型；花径2.4～2.9(2.7)cm；花瓣正面粉红至白色，反两桃红色；花瓣21～33（26.1）枚，外瓣色深，内层花瓣多皱褶不伸展着生，色不均；雄蕊等长于花瓣，辐射状；雌蕊1～2枚，发达；花萼多5少6枚，另具1～5枚瓣萼，绿底色被绛紫所掩，平展至强列反曲；花梗短至中长；花浓香；偶结实。'皱波大宫粉'与近似品种'大宫粉'比较的不同点如下：

品种名称	花型	花蕾	花瓣	花色	花期
'皱波大宫粉'	浅碗至碗型	圆球形，柱头外露	内瓣波皱	粉红至桃红，色深	比'大宫粉'晚7天
'大宫粉'	蝶形	扁圆形，无孔	半边起伏	粉红至粉白，色浅	比'皱瓣大宫粉'早7天

清馨

(梅)

联系人：王佳
联系方式：13910229248　国家：中国

申请日：2011-3-3
申请号：20110012
品种权号：20120064
授权日：2012-7-31
授权公告号：第1208号
授权公告日：2012-7-31
品种权人：昆明市黑龙潭公园、北京林业大学、国家花卉工程技术研究中心
培育人：张启翔、华珊、吴建新、聂雅萍、刘敬、程堂仁、吕英民、王佳

品种特征特性：'清馨'为真梅系宫粉品种群品种'傅粉'的芽变品种。'清馨'主干灰紫褐色，小枝暗黄绿色半洒古铜晕或灰斑，直上或斜出；昆明地区11月底始花，12月中旬盛花；1～3朵多2朵着生在长、中、短、刺花枝上，长花枝多，着花中密；花蕾近圆球形，顶略尖，白底洒桃红晕，无孔；花呈不正之浅碗型；花径2.0～2.7（2.55）cm；花瓣正面淡粉红至白色，反两比正面略深；花瓣通常15枚，外部花瓣外侧略洒极淡粉红晕，较完整；内层花瓣皱瓣均有存在；雄蕊长短不一，等长或短于花瓣，辐射状；雌蕊1～4枚，多发达；花萼多5偶6枚，淡绿底色被绛紫所掩，反曲至强列反曲；花梗短；花清香；偶结实。'清馨'与近似品种'傅粉'比较的不同点如下：

品种名称	花型	花蕾	花色	花萼数量	花期
'清馨'	不正之浅碗型	近球形，白底洒桃红晕	淡粉红至白色，花色淡雅	多5偶6枚	昆明地区11月底始花，早花品种
'傅粉'	深碗型	不规则扁圆形，淡桃红	粉白色，色浅略旧	5枚，另加5枚萼瓣或瓣萼	昆明地区12月中旬始花，中花品种

玉洁

（山茶属）

联系人：王仲朗
联系方式：13769113271/0871-5223702　国家：中国

申请日：2010-5-27
申请号：20100025
品种权号：20120065
授权日：2012-7-31
授权公告号：第1208号
授权公告日：2012-7-31
品种权人：中国科学院昆明植物研究所
培育人：夏丽芳、冯宝钧、王仲朗、谢坚、沈云光、胡虹、严宁

品种特征特性：'玉洁'是采用云南山茶单瓣类型做母本，采集越南油茶的花粉，进行人工授粉，果实于当年9月成熟，采收后立即播种，于11月幼苗出土，生长到第二年分苗培养，1981年见第一次开花的 F_1 代，花期早，10~12月；其后，观察后代的表现，2002年选中其中性状较好的一株进行嫁接繁殖，并观察嫁接苗的稳定性和一致性，2009年又进行了扦插繁殖获得。'玉洁'为小乔木；叶似越南油茶，椭圆形，基部宽楔形或钝圆，先端短渐尖，边缘具细锯齿，长6.2~9.0cm，宽3.3~4.8cm；花单瓣，白色，略带红晕，花瓣8~10片，两轮排列，花径10~12cm，雌雄蕊发育正常，但不能结实；花期10~12月。'玉洁'适宜酸性、排水良好的土壤。

	'玉洁'	云南山茶（母本）	越南油茶（父本）
花型	单瓣	单瓣	单瓣
花色	白色略带红晕	鲜红色	白色
花径	10~12cm	6~10cm	6~8cm
雄蕊	花丝基部部分合生	花丝下部2/3~1/2合生	花丝离生
花柱	合生，先端3深裂	合生，先端3浅裂	先端5深裂达近基部
叶形	椭圆形，先端短渐尖	长椭圆形，先端渐尖	椭圆形，先端短渐尖
染色体倍性	七倍体	六倍体	八倍体
育性	不能结实	能结实	能结实
花期	10~12月	1~2月	11~12月

彩云
(山茶属)

联系人：王仲朗
联系方式：13769113271/0871-5223702　国家：中国

申请日：2010-5-27
申请号：20100026
品种权号：20120066
授权日：2012-7-31
授权公告号：第1208号
授权公告日：2012-7-31
品种权人：中国科学院昆明植物研究所
培育人：夏丽芳、冯宝钧、王仲朗、谢坚、沈云光、胡虹、严宁

品种特征特性：'彩云'是采集云南山茶'大玛瑙'的自然授粉果实，从播种后代中选育获得的。申请品种'彩云'为乔木；叶长卵圆形，基部楔形，先端渐尖，长7.8～8.8cm，宽3.5～4.8cm；花玫瑰重瓣型，桃红色（R.H.S.66C），花瓣20～25片，平整，略向内曲，4～6轮排列，花径10～11cm，雄蕊多数瓣化，内轮花瓣明显可见雄蕊瓣化痕迹；花期1～3月。'彩云'适宜酸性、排水良好的土壤。'彩云'与近似品种'大玛瑙'比较的不同点为：

	'彩云'	'大玛瑙'
花型	玫瑰重瓣型	牡丹型
花色	桃红色	艳红色，具明显的白色大斑块
花径	10～11cm	12～13cm
雄蕊	大部分退化或变成小花瓣	分为几束分生于花瓣中
叶形	长卵圆形，先端渐尖	长椭圆状卵圆形至长椭圆状倒卵形，先端渐尖

粉红莲
（山茶属）

联系人：王仲朗
联系方式：13769113271/0871-5223702　　国家：中国

申请日：2010-5-27
申请号：20100027
品种权号：20120067
授权日：2012-7-31
授权公告号：第1208号
授权公告日：2012-7-31
品种权人：中国科学院昆明植物研究所
培育人：夏丽芳、冯宝钧、王仲朗、谢坚、沈云光、胡虹、严宁

品种特征特性：'粉红莲'是采集云南山茶'大玛瑙'的自然授粉果实，从播种后代中选育获得的。'粉红莲'为乔木；叶长椭圆形，先端渐尖，基部宽楔形，长 10.3～14.0cm，宽 4.8～6.7cm；花玫瑰重瓣型，银红色（R.H.S.C.C.57D），花瓣 30～33 片，5～6 轮排列，花瓣上略带白色斑点，花径 13～14cm，花瓣平，雄蕊多数变花瓣，仅留少数于花心；花期 1～3 月。'粉红莲'适宜酸性、排水良好的土壤。'粉红莲'与近似品种'大玛瑙'比较的不同点为：

	'粉红莲'	'大玛瑙'
花型	玫瑰重瓣型	牡丹型
花色	银红色，略带白色斑点	艳红色，具明显的白色大斑块
花径	13～14cm	12～13cm
雄蕊	多数变花瓣，仅留少数于花心	分为几束分生于花瓣中
叶形	长椭圆形，先端渐尖	长椭圆状卵圆形至长椭圆状倒卵形，先端渐尖
叶片大小	长 10.3～14.0cm，宽 4.8～6.7cm	长 6～9cm，宽 3.3～5cm

黄埔之浪

(山茶属)

联系人：谢雨慧
联系方式：020-37883659　国家：中国

申请日：2011-1-4
申请号：20110001
品种权号：20120068
授权日：2012-7-31
授权公告号：第1208号
授权公告日：2012-7-31
品种权人：棕榈园林股份有限公司
培育人：谌光晖、钟乃盛、刘玉玲、周明顺

品种特征特性：'黄埔之浪'是以'皇家天鹅绒'为母本、'丝纱罗'为父本杂交选育获得。'黄埔之浪'为灌木，植株直立、紧凑，生长旺盛。叶片长 8～10cm，宽 4～6cm，叶缘齿尖、波浪形，叶脉明显，叶浓绿。花黑红色，牡丹型，花朵直径 14 cm；花 3 轮，外轮花瓣 9 枚，层叠排列，外翻，基部略连生；花瓣阔椭圆形，长 7cm，宽 5.5cm，先端波浪形；内部花瓣直立，略外翻；雄蕊 4～6 束，散生于内轮花瓣中，基部略连生，150～200 枚；花丝粉红色，花药金黄色，有少量雄蕊瓣化；雌蕊短于雄蕊，4 深裂，略呈粉红，子房无毛；萼片灰绿色，有绒毛。花朵稀疏，花期 3 月上旬至 5 月中旬。'黄埔之浪'与亲本比较的不同点如下：

品种名称	花色	花型	花径
'皇家天鹅绒'	黑红色，泛绒光	半重瓣型	10～14cm
'丝纱罗'	粉红色	松散牡丹型，花瓣波浪状扭曲	10～15cm
'黄埔之浪'	黑红色	牡丹型	14cm

紫云

(杜鹃花属)

联系人：朱平

联系方式：13736079192 国家：中国

申请日：2011-3-17

申请号：20110020

品种权号：20120069

授权日：2012-7-31

授权公告号：第1208号

授权公告日：2012-7-31

品种权人：沃绵康

培育人：沃绵康

品种特征特性： '紫云'是从'白佳人'品种芽变选育获得。常绿杜鹃，灌木状。叶片椭圆形。花半重瓣，花瓣2～3轮，连生，深裂。花冠直径8～9cm，宽漏斗状钟形；外轮花瓣近圆形，5～6枚，中等重叠。花冠裂片枚红色，具淡紫红色条纹，套筒下部裂片上有紫红色斑点，呈线状紧密相连，斑线长2.5～3.0cm。花柱粉红色，由柱头至子房方向逐渐变淡，长2.5～3.0cm。花柱粉红色，绿色。子房密被银白色茸毛。雄蕊5～6枚，部分或全部退化为花瓣，短于花柱，花药淡褐红色。在宁波盛花期3月上旬。'紫云'与'白佳人'比较的不同点如下：

品种名称	花冠颜色	花冠裂片内饰纹
'白佳人'	白色	紫红色斑点
'紫云'	枚红色	绿色斑点

怡百合

（杜鹃花属）

联系人：朱平
联系方式：13736079192　国家：中国

申请日：2011-3-17
申请号：20110021
品种权号：20120070
授权日：2012-7-31
授权公告号：第1208号
授权公告日：2012-7-31
品种权人：沃绵康
培育人：沃绵康

品种特征特性：'怡百合'是从比利时杜鹃'肯特'品种芽变选育获得。常绿杜鹃，灌木状。叶片椭圆形。花瓣1轮，5枚，连生，深裂。花冠裂片内饰为墨绿色斑点，呈线状排列，斑线长2～3cm。花柱白色，下部淡绿色，长3～4cm。子房深绿色密被白色茸毛。雄蕊9～10枚，短于花柱，花药金黄色。在宁波盛花期3月上旬。'怡百合'与近似品种'肯特'比较的不同点如下：

品种名称	花冠颜色	花冠裂片内饰纹	花药颜色
'肯特'	红色镶白边	紫红色斑点	猩红色
'怡百合'	白色	墨绿色斑点	金黄色

火凤

(杜鹃花属)

联系人：朱平

联系方式：13736079192　国家：中国

申请日：2011-3-17
申请号：20110022
品种权号：20120071
授权日：2012-7-31
授权公告号：第1208号
授权公告日：2012-7-31
品种权人：沃绵康
培育人：沃绵康

品种特征特性：'火凤'是以'粉比利时'为母本、'肯特'为父本杂交选育获得。常绿杜鹃，灌木状。花瓣2～3轮，外轮花瓣连生，深裂，略重叠。花冠5～6cm，花冠裂片内饰为散生的淡紫色斑点。花柱玫红色，长4～5cm。柱头膨大，子房深绿色密被白色茸毛。雄蕊7～8枚，部分退化为花瓣，短于花柱，花药红色。在宁波盛花期3月上旬。'火凤'与近似品种比较的不同点如下：

品种名称	花冠颜色	花冠裂片内饰纹
'粉比利时'	粉红色	紫红色斑点
'肯特'	红色镶白边	绿色斑点
'火凤'	红色	紫红色斑点

丹粉

（杜鹃花属）

联系人：朱平

联系方式：13736079192　国家：中国

申请日：2011-3-17

申请号：20110023

品种权号：20120072

授权日：2012-7-31

授权公告号：第1208号

授权公告日：2012-7-31

品种权人：沃绵康

培育人：沃绵康

品种特征特性：'丹粉'是以'丹顶'为母本、'汉堡2号'为父本杂交选育获得。常绿杜鹃，灌木状。花半重瓣两套筒，呈喇叭状，花瓣2～3轮，连生，深裂。花冠直径3～4cm，花冠裂片内饰为紫红色斑点，斑线长1～1.5cm。花柱玫红色，下部浅绿，子房绿色被银白色茸毛。雄蕊5～6枚，部分或完全退化为花瓣，短于花柱。在宁波盛花期3月上旬。'丹粉'与近似品种比较的不同点如下：

品种名称	花冠颜色	花冠直径	花冠形态
'丹顶'	玫红色	7～8 cm	花瓣全开
'汉堡2号'	大红色	7～8 cm	花冠套筒喇叭型
'丹粉'	红色	3～4 cm	花冠套筒喇叭型

娇红1号

（木兰属）

联系人：桑子阳

联系方式：13487222833　国家：中国

申请日：2010-6-30

申请号：20100036

品种权号：20120073

授权日：2012-7-31

授权公告号：第1208号

授权公告日：2012-7-31

品种权人：北京林业大学

培育人：马履一、王罗荣、刘鑫

品种特征特性：'娇红1号'是以北京林业大学马履一教授为首的科研课题组人员在湖北咸宁市咸安区贺胜桥镇进行区域引种驯化选育。以两年生白玉兰为砧木，接穗为原生母树枝条，嫁接苗木一般3～4年开花，继代嫁接苗木1～2年开花。2004～2008年嫁接育苗近5000株，成活率均在90%以上，2008年春开花13株，2009年春开花65株，2010年春开花400余株，培育成功。'娇红1号'叶片互生有时呈螺旋状，正面深绿色，背面灰绿色，倒卵状椭圆形，先端圆宽，中部以下渐楔形，有细小突尖，全缘；花芳香，单生枝顶，直立，先叶开放；顶端圆，基部宽楔形；聚合蓇葖果，圆柱形；种子黄褐色，宽卵形。'娇红1号'喜光，稍耐阴，忌低湿，栽植地渍水易烂根，喜肥沃、排水良好的酸性至中性土壤。'娇红1号'与紫玉兰比较的不同点为：

品种	娇红1号'	紫玉兰
树形	高大乔木，高15～20m	小乔木，高3～5m
花	花被片9，内外均为红色，倒卵形	花被片9～12，外面紫红色，内面白色，披针形
叶	先端圆宽	先端急尖或渐尖

霞光

（樟属）

联系人：王建军

联系方式：13600622469　国家：中国

申请日：2011-5-3

申请号：20110025

品种权号：20120074

授权日：2012-7-31

授权公告号：第1208号

授权公告日：2012-7-31

品种权人：宁波市林业局林特种苗繁育中心

培育人：王建军、汤社平、王爱军

品种特征特性：'霞光'是从品种'涌金'种子实生苗中选育获得。乔木，树皮黄色或棕色。小枝红色。叶近革质，窄卵形，春季新叶艳红色或鲜红色，成熟后呈暗红色或橙黄色；花序腋生，长4～7cm，金黄色；花金黄色，长3mm；花梗金黄色，长1～2mm；花期4～5月。'霞光'与近似品种'涌金'比较的不同点如下：

品种名称	小枝颜色	春季新叶叶色	春季成熟叶叶色	叶形	新生枝基部
'霞光'	鲜红色	鲜红色	暗红或橙黄	长卵形	红色环不显著
'涌金'	黄至浅红	金黄色	淡黄色	卵形	红色环显著

玉女

（木瓜属）

联系人：张亚利
联系方式：021-54363369-1041　国家：中国

申请日：2011-6-22
申请号：20110039
品种权号：20120075
授权日：2012-7-31
授权公告号：第1208号
授权公告日：2012-7-31
品种权人：上海植物园、上海交通大学、上海市园林工程有限公司
培育人：费建国、胡永红、张亚利、刘群录

品种特征特性：　'玉女'是以'东洋锦'为母本、'银长寿'为父本杂交选育获得。株形紧凑，株高130cm，冠幅120cm，干皮灰褐色，枝刺少。叶长约3.69cm，宽约1.91cm。上海花期3月下旬至4月上旬；花重瓣，花径2.4～4.0cm；花色为绿白粉色（初开150D+155A，盛开后48C或155A+48C）；雌蕊退化，雄蕊3轮；花萼绿色，多为绛紫色所掩。不结实。'玉女'与近似品种比较的不同点如下：

品种名称	花型	花色	花径
'玉女'	重瓣	单朵花花色渐变，从初开的绿色到盛开后的白粉色	2.4～4.0cm
'东洋锦'	单瓣	复色，红色，白粉色或红白相间	2.5cm
'银长寿'	重瓣	花初开时淡绿色，盛开时绿白色或略带淡黄色	3.5～4.5 cm

玉立

(木瓜属)

联系人：张亚利
联系方式：021-54363369-1041　国家：中国

申请日：2011-6-22
申请号：20110040
品种权号：20120076
授权日：2012-7-31
授权公告号：第1208号
授权公告日：2012-7-31
品种权人：上海植物园、上海交通大学、上海市园林工程有限公司
培育人：费建国、胡永红、张亚利、刘群录

品种特征特性：'玉立'是以'东洋锦'为母本、'长寿乐'为父本杂交选育获得。植株直立，紧凑，干皮深灰褐色，几无枝刺。叶深绿色，倒卵形，长约3.66cm，宽约2.19cm。花半重瓣或重瓣，上海花期4月上旬至下旬，花径1.9～3.2cm；花初开为白色（155B），盛开到末花期为粉色（51B）；雌蕊退化，雄蕊3轮；花萼绿色，萼片边缘红色。不结实。'玉立'与近似品种比较的不同点如下：

品种名称	花型	花色
'玉立'	半重瓣到重瓣	花色渐变
'东洋锦'	单瓣	复色，红色，白粉色或红白相间

翠玉碗

（木瓜属）

联系人：张亚利

联系方式：021-54363369-1041　　国家：中国

申请日： 2011-6-22

申请号： 20110041

品种权号： 20120077

授权日： 2012-7-31

授权公告号： 第1208号

授权公告日： 2012-7-31

品种权人： 上海植物园、上海交通大学、上海市园林工程有限公司

培育人： 费建国、胡永红、张亚利、刘群录

品种特征特性： '翠玉碗'是以'东洋锦'为母本、'银长寿'为父本杂交选育获得。植株直立，株高90cm，冠幅60cm，干皮灰褐色，枝刺中等。叶长约3.36cm，宽约2.39cm。上海花期3月下旬至4月上旬；半重瓣，浅碗形；初开时花色黄绿色（1C），盛开后淡绿色至白色（155B）；花径约2.2～3.0cm，雌蕊4～6个，雄蕊3轮，萼片绿色。'翠玉碗'与近似品种比较的不同点如下：

品种名称	花型	花色	花径
'翠玉碗'	半重瓣	初开黄绿色，盛开淡绿色。	2.2～3.0cm
'东洋锦'	单瓣	复色，红色，白粉色或红白相间	约2.5cm
'银长寿'	重瓣	初开淡绿色，盛开绿白色或略带淡黄色。	3.5～4.5 cm

常春1号

（杜鹃花属）

联系人：方永根

联系方式：13806783670　　国家：中国

申请日：2011-8-1

申请号：20110070

品种权号：20120078

授权日：2012-7-31

授权公告号：第 1208 号

授权公告日：2012-7-31

品种权人：方永根

培育人：方永根

品种特征特性： '常春 1 号'是以'16-25'为母本，以'桃花浪'为父本杂交选育获得。常绿，长势中等，株型整齐，新枝浅绿色，叶纸质，披针形，先端渐尖，叶长 3.2 ～ 4.5cm，叶宽 1.6 ～ 2.2cm，叶色深绿。花序伞形顶生，有 2 朵花，无花萼，花柱浅绿，花型为多重套瓣，花冠为紫红色，大花型，花期在浙江金华为 4 月初，7月以后又连续开花至秋冬。'常春 1 号'与近似品种比较的主要不同点如下：

品种名称	花型	花色	花径	花期	株型
'常春 1 号'	多重套瓣	紫红色	大型花	多季花	整齐
'16-25'	重瓣	紫红色	大型花	多季花	不齐
'桃花浪'	套瓣	红色	中型花	一季花	整齐

常春2号

（杜鹃花属）

联系人：方永根
联系方式：13806783670　国家：中国

申请日：2011-8-1
申请号：20110071
品种权号：20120079
授权日：2012-7-31
授权公告号：第1208号
授权公告日：2012-7-31
品种权人：方永根
培育人：方永根

品种特征特性：'常春2号'是以'Terra Nova'为母本，以'粉蝴蝶'为父本杂交选育获得。常绿，长势中等，株型整齐，新枝浅绿色，叶纸质，长椭圆形，先端顿尖，叶长2.8～3.5cm，叶宽1.2～1.9cm，叶色亮绿。花序伞形顶生，有2～4朵花，花萼绿色5裂，花柱浅绿，花型为多层重瓣，花冠为紫粉色，内表面有紫红色花饰，大花型。花期在浙江金华为4月初，7月以后又连续开花至秋冬。'常春2号'与近似品种比较的主要不同点如下：

品种名称	花型	花色	花期	株型	抗性
'常春2号'	多层重瓣	紫粉色	多季花	整齐	强
'Terra Nova'	重瓣	淡粉色	多季花	整齐	差
'粉蝴蝶'	重瓣	深粉色	一季花	不齐	强

盛春1号

（杜鹃花属）

联系人：方永根
联系方式：13806783670　国家：中国

申请日：2011-8-1
申请号：20110072
品种权号：20120080
授权日：2012-7-31
授权公告号：第1208号
授权公告日：2012-7-31
品种权人：方永根
培育人：方永根

品种特征特性：'盛春1号'是以'Elsie Lee'为母本，以'03-5'为父本杂交选育获得。常绿，长势强健，新枝浅绿色，多毛。叶纸质，披针形，叶面内凹，先端钝尖，叶片正反面叶毛明显，叶长4.5～5.5cm，叶宽1.6～2cm，叶色深绿，有光泽。花序伞状顶生，有2朵花，花萼绿色5裂，花型为单瓣阔漏斗形，花冠颜色为粉红色，花柱为浅粉色，大花型，花期在浙江金华为4月上旬。'盛春1号'与近似品种比较的主要不同点如下：

品种名称	花型	花色
'盛春1号'	单瓣	粉红色
'Elsie Lee'	重瓣	浅紫色
'03-5'	半重瓣	白色

盛春2号

(杜鹃花属)

联系人：方永根

联系方式：13806783670　国家：中国

申请日：2011-8-1

申请号：20110073

品种权号：20120081

授权日：2012-7-31

授权公告号：第1208号

授权公告日：2012-7-31

品种权人：方永根

培育人：方永根

品种特征特性：'盛春2号'是以'Elsie Lee'为母本，以'03-5'为父本杂交选育获得。常绿，长势强健，枝密，枝浅绿色，叶纸质，披针形，叶面内凹，先端渐尖，叶片正反面叶毛明显，叶长3.6～5.5cm，叶宽1.1～1.8cm，叶色深绿。花序伞状顶生，有2朵花，花萼绿色5裂，花型为重瓣阔漏斗形，花冠颜色为紫色，内表面有紫褐色花饰，花柱为浅紫色，大花型，花期在浙江金华为4月上旬。'盛春2号'与近似品种比较的主要不同点如下：

品种名称	花型	花色
'盛春2号'	重瓣	紫色
'Elsie Lee'	重瓣	浅紫色
'03-5'	半重瓣	白色

盛春3号

（杜鹃花属）

联系人：方永根
联系方式：13806783670　国家：中国

申请日：2011-8-1
申请号：20110074
品种权号：20120082
授权日：2012-7-31
授权公告号：第1208号
授权公告日：2012-7-31
品种权人：方永根
培育人：方永根

品种特征特性： '盛春3号'是以'Elsie Lee'为母本，以'03-5'为父本杂交选育获得。常绿，长势强健，枝密而粗壮，枝浅绿色，密布伏毛。叶纸质，披针形，叶面内凹，先端渐尖，叶片正反面叶毛明显，叶长3～5cm，叶宽1.5～2.2cm，叶色深绿。花序伞状顶生，有2朵花，花萼绿色5裂，花型为重瓣阔漏斗形，花冠颜色为白色，内表面有黄绿色花饰，花柱为浅绿色，大花型，花期在浙江金华为4月上旬。'盛春3号'与近似品种比较的主要不同点如下：

品种名称	花型	花色
'盛春3号'	重瓣	白色
'Elsie Lee'	重瓣	浅紫色
'03-5'	半重瓣	白色

盛春4号

（杜鹃花属）

联系人：方永根

联系方式：13806783670　国家：中国

申请日：2011-8-1

申请号：20110075

品种权号：20120083

授权日：2012-7-31

授权公告号：第1208号

授权公告日：2012-7-31

品种权人：方永根

培育人：方永根

品种特征特性：'盛春4号'是以'Elsie Lee'为母本，以'03-5'为父本杂交选育获得。常绿，长势强健，枝密，枝浅绿色，叶纸质，披针形，叶面内凹，先端渐尖，叶片正反面叶毛明显，叶长2～4.5cm，叶宽1.4～2cm，叶色亮绿。花序伞状顶生，有2朵花，花萼绿色5裂，花型为重瓣阔漏斗形，花冠颜色为粉紫色，内表面有紫红色花饰，花柱为浅紫色，大花型，花期在浙江金华为4月上旬。'盛春4号'与近似品种比较的主要不同点如下：

品种名称	花型	花色
'盛春4号'	重瓣	粉紫色
'Elsie Lee'	重瓣	浅紫色
'03-5'	半重瓣	白色

品虹

（桃花）

联系人：胡东燕

联系方式：010-82597446　国家：中国

申请日： 2012-2-20

申请号： 20120020

品种权号： 20120084

授权日： 2012-7-31

授权公告号： 第1208号

授权公告日： 2012-7-31

品种权人： 北京市植物园

培育人： 张佐双、张秀英、胡东燕、刘坤良、张森、李燕、霍毅、曹颖

品种特征特性： '品虹'是以'绛桃'（*Prunus persica* 'Jiang Tao'）'为母本、'白花山碧桃'（*Prunus persica* × *davidiana* 'Bai Hua Shan Bi Tao'）'为父本，采用人工杂交选育获得。落叶小乔木，树皮灰褐色，较光滑；小枝红色细长且稀疏；叶椭圆披针形，叶缘细锯齿，叶柄长约1.5cm；花蕾卵形，花深粉色RHS：65A，花型平展，似梅花，花径4～5cm，花瓣22～33枚，长约2.1cm；雄蕊约53个，长1.43cm，雌蕊1，略低于雄蕊，花丝白色，花药红褐色，着花中等（着花率0.78个/cm），花梗长约0.93cm；萼片两轮暗红色，花期4月上旬。'品虹'与近似品种比较的主要不同点如下：

品种名称	花色	始花期
'品虹'	深粉色，RHS：65A	比品霞晚2～3天
'品霞'	粉红色，RHS：69A	比品虹早2～3天

云星

（含笑属）

联系人：马晓青
联系方式：13187813588 国家：中国

申请日：2011-7-13
申请号：20110046
品种权号：20120085
授权日：2012-7-31
授权公告号：第1208号
授权公告日：2012-7-31
品种权人：中国科学院昆明植物
研究所
培育人：龚洵、张国莉、潘跃芝

品种特征特性：'云星'是以球花含笑为母本、以灰岩含笑为父本杂交选育获得。常绿乔木，分枝繁密，芽、嫩枝、叶柄和花梗均被黄褐色绒毛。叶革质，较硬，有光泽，倒卵状圆形或长圆形，长17～25cm，宽7～10cm，先端短骤尖，基部圆形或钝；叶正面无毛，背面被黄褐色绒柔毛；叶柄几无托叶痕。花淡黄色，略下垂，不完全张开；花被片9～12，呈3～4轮排列，狭长倒卵形，长6.5～8.5cm，宽2.5～4.0cm；雌蕊群绿色，花药淡黄色。花期3～5月，单花期4～5天，果期8～9月。'云星'与灰岩含笑比较的不同点如下：

品种名称	习性	叶片大小	花大小	花被片数量
'云星'	乔木，高8～15m	大，长17～25cm，宽7～10cm	大，长6.5～8.5cm，宽2.5～4.0cm	9～12
灰岩含笑	小乔木，高3～5m	小，长11～18cm，宽4～6cm	小，长5～5.6cm，宽2～2.5cm	9

云馨

（含笑属）

联系人：马晓青
联系方式：13187813588　国家：中国

申请日：2011-7-13
申请号：20110047
品种权号：20120086
授权日：2012-7-31
授权公告号：第1208号
授权公告日：2012-7-31
品种权人：中国科学院昆明植物
研究所
培育人：龚洵、潘跃芝、余姣君

品种特征特性： '云馨'是以球花含笑为母本、以含笑为父本杂交选育获得。常绿小乔木，分枝繁密，芽、嫩枝、叶柄和花梗均被褐色短柔毛。叶革质，较硬，有光泽，倒卵形，长12～15cm，宽5～6cm，先端短骤尖，基部楔形或阔楔形，叶面深绿色，有光泽，无毛，背面绿色，被褐色柔毛；叶柄长约1cm，几无托叶痕。花乳黄色，花被片6～8，长3～4cm，宽1.5～2cm，呈2轮排列，外轮花被片基部绿色，不完全张开。雌蕊群绿色，花药淡黄色。花期3～5月，单花期5～6天，果期8～9月。'云馨'与含笑比较的不同点如下：

品种名称	习性	托叶痕	叶片大小	花姿及花色	花被片大小
'云馨'	小乔木	叶柄几无托叶痕	大，长12～15cm，宽5～6cm	花略下垂，基部淡绿色	花被片大，6～8枚，长3～4cm，宽1.5～2cm
含笑	灌木	托叶痕长达叶柄顶端	小，长4～10cm，宽1.8～4.5cm	花直立，淡黄色而边缘红色或紫色	花被片小，6枚，长1.2～2cm，宽0.6～1.1cm

云霞

（含笑属）

联系人：马晓青

联系方式：13187813588　国家：中国

申请日：2011-7-13

申请号：20110048

品种权号：20120087

授权日：2012-7-31

授权公告号：第1208号

授权公告日：2012-7-31

品种权人：中国科学院昆明植物研究所

培育人：龚洵、潘跃芝、余姣君

品种特征特性：'云霞'是以球花含笑为母本、以紫花含笑为父本杂交选育获得。常绿小乔木，分枝繁密，芽、嫩枝、叶柄和花梗均被黄褐色绒毛。叶薄革质，长圆形至倒卵状长圆形，长9～11cm，宽4～4.5cm，先端急尖，基部楔形或宽楔形；叶面深绿色，有光泽，无毛，背面绿色，被黄褐色绒毛；叶柄长约1cm，几无托叶痕。花淡黄色，芳香；花被片6，肉质，呈两轮排列，先端边缘紫红色，外轮花被片基部绿色，内轮花被片基部淡红色，不完全张开。心皮绿色，柱头淡紫色；花药背面紫红色，花丝和药隔顶端深紫花。花期3～5月，单花期5～6天，果期9～10月。'云霞'与紫花含笑比较的不同点如下：

品种名称	习性	花被片颜色	托叶痕
'云霞'	小乔木	淡黄色，先端边缘及基部紫红色	几无托叶痕
紫花含笑	灌木	紫色	托叶痕长达叶柄顶部

云瑞

（含笑属）

联系人：马晓青
联系方式：13187813588　国家：中国

申请日：2011-7-13
申请号：20110049
品种权号：20120088
授权日：2012-7-31
授权公告号：第1208号
授权公告日：2012-7-31
品种权人：中国科学院昆明植物
　　　　　研究所
培育人：龚洵、张国莉、潘跃芝

品种特征特性：'云瑞'是以云南含笑与南亚含笑的杂交后代为母本、以深山含笑为父本杂交选育获得。灌木，分枝繁密，全株无毛。叶革质，长圆形至倒卵状长圆形，长16～18cm，宽6～8cm，先端急尖，基部狭楔形；深绿色，有光泽；叶柄上几无托叶痕。花乳白色，芳香；花被片9～10，倒卵形，长6～7cm，宽3～4cm，基部淡黄色，先端具短而小的尖头；心皮绿色，花柱紫红色，雄蕊群淡黄色，基部雄蕊瓣化，完全张开。柱头淡紫色；花药背面紫红色，花丝和药隔顶端深紫花。花期3～5月，单花期5～6天，果期9～10月。

'云瑞'与深山含笑比较的不同点如下：

品种名称	习性	叶背颜色	花被片数量	花被片形状	雄蕊相对长度
'云瑞'	灌木	绿色，无白粉	9～10	外轮倒宽卵形，完全张开	长于雌蕊群
深山含笑	乔木	灰绿色，被白粉	9	外轮狭倒卵形或匙形，张开呈宽钟形	短于雌蕊群

紫烟

（榆叶梅）

联系人：刘东
联系方式：010-62336126   国家：中国

申请日：2011-9-16
申请号：20110104
品种权号：20120089
授权日：2012-7-31
授权公告号：第1208号
授权公告日：2012-7-31
品种权人：北京林业大学、国家花卉工程技术研究中心
培育人：张启翔、张强英、程堂仁、罗乐、梁建国

品种特征特性：'紫烟'通过实生选育获得。株高1.5～2m左右，枝紫红至红褐色，主干树皮剥裂状，小枝稀疏被毛。叶卵形，长40～45mm，宽20～25mm，单叶互生，叶基广楔形，边缘有单或重锯齿；叶正面幼时被短柔毛，老时渐少，背面沿脉处多密被绒毛；叶色初为紫红色或略带绿晕，后其正面会偏绿紫色，但背面为稳定紫红色。花单生或2朵并生，花蕾扁圆形，花梗长，约1.5～2.2cm，稍下垂；花瓣4～5轮，45～65枚；盛花期花径为33～40mm；花瓣粉红色（62B-62C），先端不皱或略皱，花瓣常向花心翻卷，内轮花瓣多为雄蕊瓣化。萼片倒卵圆形，2～3轮，10～15枚，绿泛紫红色，被短柔毛，边缘有细锯齿，初时萼片朝内后反卷。雄蕊多数散生1～2轮，短于花瓣，雌蕊1枚，花丝及花柱为浅粉色，雌蕊柱头在蕾期伸出花苞外。子房中下位，周位花，子房密被绒毛；花期为3～4月，果期5～6月，果熟时红色，球形或卵球形，密被绒毛。'紫烟'与近似品种比较的主要不同点如下：

品种名称	'紫烟'	'菫蝶'
叶色	多为紫红色尤其是新叶期（166A），小部分带绿晕（137D），老叶期叶正面的绿色更多，但背面紫红色稳定	绿色（137～N134）

红吉星

（木兰属）

联系人：谢雨慧
联系方式：020-37883237　国家：中国

申请日：2010-12-14
申请号：20100087
品种权号：20120090
授权日：2012-7-31
授权公告号：第1208号
授权公告日：2012-7-31
品种权人：棕榈园林股份有限公司、深圳市仙湖植物园管理处
培育人：王亚玲、张寿洲、吴桂昌、杨建芬

品种特征特性：'红吉星'是以木兰属紫玉兰为母本、含笑属金叶含笑为父本人工杂交培育获得。'红吉星'为半常绿灌木或小乔木。小枝绿色，老枝褐色，叶柄、小枝、芽、佛焰苞密被浅褐色平伏柔毛。叶革质，椭圆形。花被片9，外轮花被片红色或略带绿色，中内轮花被片两面均为鲜红色，内面色略淡。春季4～5月开花，花期长达1.5个月，开花相对集中；7月上旬至10月下旬还可陆续开花。'红吉星'为三倍体，不能结实。'红吉星'与近似品种'红金星'比较的不同点如下：

品种名称	叶色	花被片外面	花被片内面	外轮花被片
'红吉星'	深绿	鲜红色，上下同色	红色，较外面色略浅	多萼片状，少内外同形
'红金星'	绿色	紫红色，基部略深	白色，基部紫红色，沿脉略红色	少数萼片状，多内外同形

彩云飞

（芍药属）

联系人：王莲英

联系方式：010-62337525　　国家：中国

申请日：2011-9-8

申请号：20110096

品种权号：20120091

授权日：2012-7-31

授权公告号：第1208号

授权公告日：2012-7-31

品种权人：北京东方园林股份有限公司

培育人：王莲英、李清道、王福、袁涛、马军

品种特征特性： '彩云飞'是通过实生选育的方法获得。株型直立，二回三出至三回三出羽状复叶。叶片上下表面具不规则的黄色和白色斑块，幼叶还有粉红色的条纹，与黄白色斑块混合分布，夏季时，粉红色消失。花白色，单瓣型。花径约18cm，花盘革质，乳白色。

'彩云飞'与紫斑牡丹比较的主要不同点如下：

品种名称	叶色
'彩云飞'	成熟叶片具不规则的黄色和白色斑块
紫斑牡丹	绿色、均匀

彩虹

（芍药属）

联系人：袁涛
联系方式：010-62337525　国家：中国

申请日：2011-9-8
申请号：20110097
品种权号：20120092
授权日：2012-7-31
授权公告号：第1208号
授权公告日：2012-7-31
品种权人：北京东方园林股份有
限公司、北京林业大学
培育人：王莲英、袁涛、王福、
李清道、马军、谭德远

品种特征特性：'彩虹'是以野生黄牡丹为母本、'日月锦'为父本杂交选育获得。株型直立，二回三出羽状复叶，叶片直伸，小叶深裂，边缘紫红色。花橙黄色，具明显的橙红色晕边，中心花瓣晕边更为明显；花瓣4～6轮，近圆形，28枚，基部具红色斑块，瓣边缘波状皱曲，菊花型，具1～2个瓣化雄蕊。花径15cm。花盘近革质，淡黄色，心皮9个，被白色柔毛。花丝紫红色、柱头淡黄色。花梗直，具紫色晕；花朵侧开。'彩虹'与近似品种比较的主要不同点如下：

品种名称	花型	花瓣边缘	花朵是否下垂
'彩虹'	菊花型	波状皱曲明显	不下垂
'金阁'	蔷薇型	波状皱曲不明显	易下垂

金袍赤胆

（芍药属）

联系人：袁涛
联系方式：01062337525　国家：中国

申请日：2011-9-8
申请号：20110098
品种权号：20120093
授权日：2012-7-31
授权公告号：第1208号
授权公告日：2012-7-31
品种权人：北京林业大学、北京东方园林股份有限公司
培育人：袁涛、王莲英、李清道、王福、马军

品种特征特性：'金袍赤胆'是以野生黄牡丹为母本、'日月锦'为父本杂交选育获得。株型直立，二回三出羽状复叶，小叶绿色无紫晕。花纯黄色，瓣基具鲜艳的放射状红色斑块。荷花型，花径12cm×5cm。花丝红色，柱头、花盘浅粉色，心皮被白色柔毛。花梗直，花朵侧开。'金袍赤胆'与近似品种比较的主要不同点如下：

品种名称	花型	瓣基红色斑块
'金袍赤胆'	荷花型	鲜艳明显、放射状
'海黄'	菊花型或蔷薇型	暗色不明显

赤龙

（芍药属）

联系人：袁涛
联系方式：01062337525　国家：中国

申请日：2011-9-8
申请号：20110099
品种权号：20120094
授权日：2012-7-31
授权公告号：第1208号
授权公告日：2012-7-31
品种权人：北京林业大学、北京
东方园林股份有限公司
培育人：袁涛、王莲英、王福、
李清道、马军、谭德远

品种特征特性： '赤龙'是以紫斑牡丹为母本、'清香白玉翠'为父本杂交选育获得。株型直立，二回三出羽状复叶为大型长叶，侧小叶披针形。叶色浅黄绿色，叶脉紫红，叶面光滑。花蕾长圆尖形，花朵为菊花型，花朵初开墨紫色，盛开后转为深紫红色，花瓣基部具墨紫色斑块；花丝、柱头、花盘墨紫色，心皮被白色柔毛。花径15cm×6.5cm。花梗直，花朵侧开。'赤龙'与近似品种比较的主要不同点如下：

品种名称	花型	花色	花瓣质地
'赤龙'	菊花型	墨紫色转为深紫红	厚，耐日晒
'烟笼紫'	皇冠型	墨紫红	薄，不耐日晒

金童玉女

（芍药属）

联系人：袁涛
联系方式：010-62337525   国家：中国

申请日：2011-9-8
申请号：20110100
品种权号：20120095
授权日：2012-7-31
授权公告号：第1208号
授权公告日：2012-7-31
品种权人：北京东方园林股份有限公司
培育人：王莲英、李清道、王福、袁涛、马军、谭德远

品种特征特性：'金童玉女'是以野生黄牡丹为母本、'百园红霞'为父本杂交选育获得。株型直立，二回三出羽状复叶为大型长叶，叶深绿色有紫晕，叶脉紫红；小叶披针形。花蕾圆尖，花萼紫红色。荷花型，初开时黄中略带绿色，盛开后转金黄色，花瓣具光泽，基部有紫红色晕；花丝紫红色，柱头和花盘均浅粉色，心皮具白色柔毛。花径16cm×6.5cm。花梗直，具紫色晕；花朵直上。'金童玉女'与近似品种比较的主要不同点如下：

品种名称	花萼颜色	花型	外花瓣反卷
'金童玉女'	紫红色	荷花型	初开时反卷
'华夏一品黄'	绿色	单瓣型	不反卷

香妃

（芍药属）

联系人：袁涛

联系方式：010-62337525　　国家：中国

申请日：2011-9-8

申请号：20110101

品种权号：20120096

授权日：2012-7-31

授权公告号：第1208号

授权公告日：2012-7-31

品种权人：北京东方园林股份有限公司

培育人：王莲英、李清道、王福、袁涛、马军、谭德远

品种特征特性：'香妃'是以野生黄牡丹为母本、'层中笑'为父本杂交选育获得。株型直立，二回三出羽状复叶为大型长叶，小叶边缘深裂至全裂，基部楔形。花蕾圆尖形，菊花型，初开时肉粉色或橙粉色，盛开后花色逐渐变淡，花瓣中下部具明显晕；花丝紫红色，柱头粉白色，花盘白色，心皮被白色柔毛。花径 16cm×9cm。花梗直，花朵侧开。'香妃'与近似种（品种）比较的主要不同点如下：

品种名称	花型	花色
'香妃'	菊花型	粉色
黄牡丹	单瓣型	黄色
'层中笑'	菊花型	浅紫红色

金鳞霞冠

（芍药属）

联系人：袁涛
联系方式：010-62337525　国家：中国

申请日： 2011-9-8
申请号： 20110102
品种权号： 20120097
授权日： 2012-7-31
授权公告号： 第1208号
授权公告日： 2012-7-31
品种权人： 北京东方园林股份有限公司
培育人： 王莲英、袁涛、王福、李清道、马军、谭德远

品种特征特性： '金鳞霞冠'是以黄牡丹为母本、'日月锦'为父本杂交选育获得。株型直立，二回三出羽状复叶，叶柄带紫红色，叶脉下凹，叶片平展。花金黄色，菊花型。花瓣6轮，花瓣自外向内层层减小，瓣基有小型红色斑块。花径约10cm，花盘近革质，乳白色，包裹至心皮近1/3处，心皮6个，被白色柔毛。花丝红色，柱头淡粉色。花梗直，具紫色晕；花朵直上。'金鳞霞冠'与黄牡丹比较的主要不同点如下：

品种名称	花型	花瓣
'金鳞霞冠'	菊花型	半重瓣
黄牡丹	单瓣型	单瓣

金波

（芍药属）

联系人：袁涛

联系方式：010-62337525　国家：中国

申请日：2011-9-8

申请号：20110103

品种权号：20120098

授权日：2012-7-31

授权公告号：第1208号

授权公告日：2012-7-31

品种权人：北京东方园林股份有限公司

培育人：王莲英、李清道、王福、袁涛、马军、谭德远

品种特征特性： '金波'是以黄牡丹为母本、'清香白玉翠'为父本杂交选育获得。株型直立，二回三出羽状复叶，叶背灰白，顶生小叶深裂，边缘波曲，叶片斜伸、平展。花纯黄色，单瓣型。花瓣10枚，近圆形，纯黄色无斑，有光泽，瓣缘缺刻少。花径13～14cm，花盘近革质，乳白色，包裹至心皮近一半处，心皮被白色柔毛。花丝、柱头与花盘同色。花梗直，具紫色晕；花朵直上。'金波'与黄牡丹比较的主要不同点如下：

品种名称	花径
'金波'	13～14cm
黄牡丹	5～6cm

银翠

（卫矛属）

联系人：张丹

联系方式：0371-65826312　国家：中国

申请日：2011-7-22
申请号：20110076
品种权号：20120099
授权日：2012-7-31
授权公告号：第1208号
授权公告日：2012-7-31
品种权人：河南省红枫实业有限公司
培育人：张丹、张家勋、张茂

品种特征特性：'银翠'是用丝绵木辐射育种方法选育获得。落叶小乔木。树皮灰色、纵裂。叶对生，叶片三季呈银白色与绿色相间，叶片大，长15～30cm，宽6～10cm；叶尖长锐尖，叶基阔楔形，叶缘有锐尖齿；叶柄细长，长2～3.5cm。聚伞花序，3～7朵，花淡绿色，直径0.7cm。花药紫色，与花丝等长，花盘肥大。花期5月，果熟期8～9月。蒴果，倒圆锥形，粉红色，直径1cm左右，上部4裂，有4浅沟，直径1～2cm。种子淡黄色，有红色假种皮，近圆球形。果实成熟时，果皮自动裂开，带有橙红色假种皮的种子暴露，满树通红。'银翠'与丝绵木比较的主要不同点如下：

品种名称	叶片大小	叶片颜色	挂果量
'银翠'	长15～30cm，宽6～10cm	三季呈银白色与绿色相间	大
丝绵木	长5～10cm，宽3～5cm	绿色	中等

玉盘

（卫矛属）

联系人：张丹

联系方式：0371-65826312　国家：中国

申请日：2011-7-22

申请号：20110078

品种权号：20120100

授权日：2012-7-31

授权公告号：第1208号

授权公告日：2012-7-31

品种权人：河南省红枫实业有限公司

培育人：张丹、张家勋、张茂

品种特征特性：'玉盘'是用丝绵木辐射育种方法选育获得。落叶小乔木。叶片巨大，直径 8～18cm，秋季变为浅红色，春季发芽比正常树种提早 20 天左右。叶对生，椭圆状卵形至卵圆形，有时椭圆状披针形；叶尖长锐尖，基部阔楔形或近圆形；叶缘锐尖齿。叶柄细长，长 2～3.5cm。聚伞花序，3～7 朵，花淡绿色，直径 0.7cm；花药紫色，与花丝等长，花盘肥大。花期 5 月，果熟期 8～9 月。蒴果，倒圆锥形，粉红色，直径 1cm 左右，上部 4 裂，有 4 浅沟，直径 1～2cm。种子淡黄色，有红色假种皮，近圆球形。果实成熟时，果皮裂开，带有橙红色假种皮的种子暴露，满树通红。'玉盘'与丝绵木比较的主要不同点如下：

品种名称	叶片颜色	叶片大小
'玉盘'	春、夏两季为绿色，秋季变为浅红色	极大
丝绵木	春、夏、秋三季为绿色，经霜后变红	中等

洪豫
（卫矛属）

联系人：张丹
联系方式：0371-65826312　国家：中国

申请日： 2011-7-22
申请号： 20110079
品种权号： 20120101
授权日： 2012-7-31
授权公告号： 第1208号
授权公告日： 2012-7-31
品种权人： 河南省红枫实业有限公司
培育人： 张丹、张家勋、张茂

品种特征特性： '洪豫'是用丝绵木辐射育种方法选育获得。落叶小乔木，。树皮灰色、纵裂。叶片大，长形，长15～30cm，宽6～10cm。叶对生，叶尖长锐尖，叶基阔楔形或近圆形，叶缘有锐尖齿。叶柄细长，长2～3.5cm。聚伞花序，3～7朵花；花淡绿色，直径0.7cm；花药紫色，与花丝等长，花盘肥大。花期5月，果熟期8～9月。蒴果，倒圆锥形，粉红色，直径1cm左右，上部4裂，有4浅沟，直径1～2cm。种子淡黄色，有红色假种皮，近圆球形。果实成熟时，果皮裂开，带有橙红色假种皮的种子暴露，满树通红。'洪豫'与丝绵木比较的主要不同点如下：

品种名称	叶片颜色	叶片形状	挂果量
'洪豫'	春、夏、秋三季为绿色，经霜后变红	长条形	大
丝绵木	春、夏、秋三季为绿色	卵形	中等

烈焰

（山茶属）

联系人：潘文

联系方式：020-87032070　　国家：中国

申请日：2010-8-11

申请号：20100052

品种权号：20120102

授权日：2012-7-31

授权公告号：第1208号

授权公告日：2012-7-31

品种权人：广东省林业科学研究院

培育人：徐斌、潘文、张方秋、朱报著、李永泉、王裕霞

品种特征特性：'烈焰'是对保存的杜鹃红山茶39个优良单株资源，从单株水平系统研究杜鹃红山茶主要性状遗传变异，依据系统评选的结果，通过选择育种获得。'烈焰'为常绿灌木至小乔木，嫩枝紫褐色，无毛，老枝灰色；幼叶紫红色，成熟叶片革质，先端圆或倒卵形，基部楔形，全缘，上表面深绿发亮，下表绿色，表面被白霜，无毛，叶长7.5～10.0cm，均宽2.1～2.5cm；叶柄长0.6～0.8cm；花色红艳，单生于枝顶或叶腋；花径4.5～6.0cm；萼片5～6枚，倒卵圆形，萼片长1.7cm，外面无毛，内面有短柔毛；花瓣6～7枚，倒卵形，开花时花瓣不完全张开；花型似钟型，外侧3枚较短；长5.0～5.8cm，宽3.5～4.3cm，内侧花瓣长7.0～8.0cm，宽3.5～4.0cm，无毛，先端略向基部方向凹陷；雄蕊60～80条，长2.8～3.4cm，基部花丝连生呈筒状，长1.2～1.5cm，游离花丝长1.0～1.5cm；子房2～3室，无毛，花柱长2.5～3.0cm，先端2～3裂，裂片长0.5cm，蒴果近球形，长2.0～2.3cm，宽0.6～1.5cm，有半宿存萼片，每室结种子1～3粒；花期全年，两次盛花期：5月中旬至6月下旬、8月中旬至10月中旬；果熟期7月下旬至8月中旬、11月中旬至12月中旬。'烈焰'能在热带生长，也能忍受-5℃低温，适生的土壤为砂壤土。'烈焰'与对照品种'杜鹃红山茶'比较的不同点如下表：

	花茎大小	花瓣类型	花瓣长	花瓣宽	花型
'烈焰'	4.5～6.0cm	匙瓣	7.0～8.0cm	3.5～4.0cm	钟型
'杜鹃红山茶'	7.0～9.0cm	平瓣	6.0～7.2cm	2.6～3.0cm	风车型

郁金

（山茶属）

联系人：潘文

联系方式：020-87032070　　国家：中国

申请日：2010－8－11

申请号：20100053

品种权号：20120103

授权日：2012－7－31

授权公告号：第1208号

授权公告日：2012－7－31

品种权人：广东省林业科学研究院

培育人：潘文、徐斌、张方秋、
朱报著、李永泉、王裕霞

品种特征特性：'郁金'是对保存的'杜鹃红山茶'39个优良单株资源，从单株水平系统研究杜鹃红山茶主要性状遗传变异，依据系统评选的结果，通过选择育种获得。'郁金'为常绿灌木至小乔木，嫩枝红褐色，无毛，老枝灰色；幼叶紫红色，成熟叶片革质，先端圆或倒卵形，基部楔形，全缘，极少数先端有齿突，上表面深绿发亮，下表绿色，表面被白霜，无毛，叶长7～11cm，均宽2.6～3.2cm；叶柄长0.6～0.8cm；花色红艳，单生于枝顶或叶腋；萼片5～6枚，倒卵圆形，最内数片长1.6cm，外面无毛，内面有短柔毛；花瓣为平瓣，6～8枚，倒卵形，开花时花瓣不完全张开，花径4～5cm，花形似郁金香，杯状花瓣外侧3枚较短，长6.7～7.5cm，宽4.0～4.6cm，内侧花瓣长7.5～8.5cm，宽3.5～4.6cm，无毛，先端略向基部方向凹陷；雄蕊70～90条，长2.6～3.2cm，基部花丝连生呈筒状，长1.2～1.5cm，游离花丝长1.5～2cm；子房2～3室，无毛，花柱长3～3.5cm，先端2～3裂，裂片长0.8cm；蒴果近球形，长2～2.5cm，宽1.8～2.5cm，有半宿存萼片，每室结种子1～3粒；花期全年，两次盛花期：4月中下旬至6月中旬、8月中旬至10月下旬；果熟期7月下旬至8月中旬、11月上旬至12月下旬。'郁金'能在热带生长，也能忍受－5℃低温，适生的土壤为砂壤土。'郁金'与对照品种'杜鹃红山茶'比较的不同点如下：

	叶长	花茎大小	花瓣长	花瓣宽	花型
'郁金'	7.0～11cm	4.0～5.0 cm	7.5～8.5 cm	3.5～4.6 cm	郁金香花型
'杜鹃红山茶'	6.8～9.5 cm	7.0～9.0 cm	6.0～7.2 cm	2.6～3.0 cm	风车型

魁强

（核桃属）

联系方式：010-62889624　国家：中国

申请日： 2011-11-22
申请号： 20110134
品种权号： 20120104
授权日： 2012-7-31
授权公告号： 第1208号
授权公告日： 2012-7-31
品种权人： 中国林业科学研究院林业研究所
培育人： 王哲理、奚声珂、贾志明、徐虎智、张建武、裴东、许新桥

品种特征特性： '魁强'是用母本魁核桃（*Juglans major*）、父本'强特勒'（*Juglans regia* 'Chandler'）进行杂交选育获得。速生，树干笔直，树皮光滑，枝叶光亮无毛，叶片翠绿色，奇数羽状复叶互生，小叶披针形，15～19 片，叶缘呈锐锯齿状。雄花序退化，不产生花粉。结少量坚果，但多为胚败育种子，发芽率较低，实生后代生长不良。分枝力中等，分枝角度30°左右。'魁强'与近似种（品种）比较的主要不同点如下：

品种名称	叶形	小叶数量	皮孔数量	花色
'魁强'	披针形	15～19	少	淡黄色
魁核桃	披针形	15～25	密	黄绿色
'强特勒'	长椭圆形	5～9	中等	黄绿色

中宁奇

（核桃属）

联系人：裴东
联系方式：010-62889624　国家：中国

申请日：2011-11-22
申请号：20110135
品种权号：20120105
授权日：2012-7-31
授权公告号：第1208号
授权公告日：2012-7-31
品种权人：中国林业科学研究院林业研究所
培育人：裴东、奚声珂、张俊佩、徐虎智、王少明、张建武

品种特征特性：'中宁奇'是用母本北加州黑核桃（*Juglans hindsii*）、父本核桃（*Juglans regia*）进行种间杂交选育获得。树干通直，树皮灰白色纵裂，树冠圆形；分枝力强，分枝角30°左右。1年生枝灰褐色，光滑无毛，节间长。皮孔小，乳白色。枝顶芽(叶芽)较大，呈圆锥形；腋芽贴生，呈圆球形，密被白色茸毛。主、副芽离生明显。奇数羽状复叶，小叶9～15片，叶片扩披针形，基部心形，叶尖渐尖，背面无毛，叶柄较短。少量结实，坚果圆形，深褐色，果顶钝尖，表面具浅刻沟，坚果厚壳，内褶壁骨质，难取仁。深根性，根系发达。在河南洛宁地区，该品种4月上旬发芽，4月中旬展叶，5月上旬雌花开放，果实8月下旬成熟，11月上旬落叶。该品种生长势旺，耐根腐病、耐盐碱、耐黏重和排水不良的土壤的特性，且与核桃的嫁接亲和力强，在我国核桃栽培区范围内栽植，表现出良好的生长适应性。'中宁奇'与近似种比较的主要不同点如下：

品种名称	叶形	小叶数量	皮孔	花色	坚果
'中宁奇'	披针形	9～15	中等，乳白色	淡黄色	少胚，圆形
北加州黑核桃	披针形	15～19	密，黄白色	黄绿色	有胚，圆形
核桃	长椭圆形	5～9	中等，白色	黄绿色	有胚，椭圆

中宁强

（核桃属）

联系人：裴东
联系方式：010-62889624 国家：中国

申请日：2011-11-22
申请号： 20110136
品种权号：20120106
授权日：2012-7-31
授权公告号：第1208号
授权公告日：2012-7-31
品种权人：中国林业科学研究院林业研究所
培育人：裴东、奚声珂、徐虎智、张俊佩、王占霞、张建武

品种特征特性：‘中宁强’是用母本北加州黑核桃（*Juglans hindsii*）、父本核桃（*Juglans regia*）进行种间杂交选育获得。树干通直，枝干浅灰褐色，浅纵裂；1年生枝灰褐色，皮孔棱形，淡黄色，不规则分布；叶芽长圆锥形，半离生；奇数羽状复叶，小叶互生，小叶15～19片，叶片披针形，叶缘全缘，先端渐尖，叶脉羽状脉，叶色浅绿色。少结实或不结实。坚果圆形，直径平均1～2.5cm，表面具刻沟或皱纹，缝合线突出；壳厚不易开裂，内褶壁发达木质，横隔膜骨质，取仁难。在河南省洛宁地区，该品种3月底至4月初萌芽，4月上旬展叶，5月上旬雌花开放，11月中下旬落叶。树姿美观高大，叶片生长时间长，叶片美观，耐干旱，适宜做核桃砧木，可在我国核桃栽培区范围种植。‘中宁强’与近似种比较的主要不同点如下：

品种名称	叶形	小叶数量	皮孔	花色	坚果
‘中宁强’	披针形	15～19	少，淡黄色	淡黄色	果小，圆形
北加州黑核桃	披针形	15～19	密，黄白色	黄绿色	中等，圆形
核桃	长椭圆形	5～9	中等，白色	黄绿色	果大，椭圆

中宁异

（核桃属）

联系人：张俊佩
联系方式：010-62888711　国家：中国

申请日：2011-11-22
申请号：20110137
品种权号：20120107
授权日：2012-7-31
授权公告号：第1208号
授权公告日：2012-7-31
品种权人：中国林业科学研究院林业研究所
培育人：张俊佩、裴东、孟丙南、徐虎智、郭志民、徐惠敏、许新桥

品种特征特性：'中宁异'是用母本魁核桃（*Juglans major*）、父本核桃（*Juglans regia*）进行种间杂交选育获得。树干通直，树皮灰色，粗糙，树冠半圆形；分枝力中等，分枝角度45°左右。1年生枝暗红色，皮孔黄色，不规则分布；叶芽圆形，冬芽大，顶圆，主、副芽离生，距离较近。奇数羽状复叶，小叶轮生，小叶9～15片，叶片阔披针形，先端微尖，基部圆形，叶缘锯齿状，叶柄较短，叶脉羽状，叶片绿色，光泽感不强，似有柔毛感。雄花芽较多，雄花退化，无花粉，不结实或极少结实。在河南省洛宁地区，该品种3月底至4月初萌芽，4月上旬展叶，5月上旬雌花开放，11月上旬初落叶。耐干旱、瘠薄，适宜在我国核桃分布栽培范围内栽植。'中宁异'与近似种比较的主要不同点如下：

品种名称	叶形	小叶数量	皮孔	花色	坚果
'中宁异'	阔披针形	9～15	少，淡黄色	淡黄色	极少，果小
魁核桃	披针形	15～25	密，黄白色	黄绿色	有果，较小
核桃	长椭圆形	5～9	中等，白色	黄绿色	有果，中等

银碧双辉

（桂花）

联系人：秦海英
联系方式：13752872705　国家：中国

申请日：2011-12-13
申请号：20110139
品种权号：20120108
授权日：2012-7-31
授权公告号：第1208号
授权公告日：2012-7-31
品种权人：重庆比德夫园林有限公司
培育人：秦海英、雷兴华、杜华平、刘永文、吕运芬

品种特征特性：'银碧双辉'是由普通桂花单株变异培育获得。常绿小乔木，树冠圆球形；树皮灰白色，皮孔圆形、较密集；幼枝绿色带锈黄色晕，老枝灰白色；叶对生，长椭圆形，两面无毛；叶革质，叶基楔形或窄楔形，叶尖长渐尖，叶缘小锯齿，羽状网脉明显；嫩叶柄紫红色，长5～6mm，新梢紫红色；嫩叶边缘粉红色，中间深紫色，成熟叶边缘黄白色，中间绿色。花期8月中旬至次年5月中旬，花期长约10个月，花香浓郁。'银碧双辉'与圆叶四季桂比较的主要不同点如下：

品种名称	嫩叶颜色	成熟叶叶色
'银碧双辉'	边缘粉红，中间深紫色	边缘黄白，中间绿色
圆叶四季桂	淡红色渐变绿	绿色

宁杞8号

（枸杞属）

联系人：李永华
联系方式：0951-4077321　国家：中国

申请日：2012-2-28
申请号：20120022
品种权号：20120109
授权日：2012-7-31
授权公告号：第1208号
授权公告日：2012-7-31
品种权人：宁夏森淼种业生物工程有限公司
培育人：王锦秀、李健、沈效东、李永华、常红宇、王娅丽、南雄雄、王梦泽、田英、王昊

品种特征特性：‘宁杞8号’是从枸杞资源圃单株选育获得。落叶灌木，茎直立，灰褐色，上部多分枝，通过人工修剪形成伞状树冠。叶片呈窄条形，幼叶绿色，成熟后叶片灰绿色。花1～2朵簇生叶腋，合瓣花。花冠裂片平展，呈圆舌形，紫红色，花冠筒长于花冠裂片；雄蕊5，稀4或6，花药黄白色，花丝着生于花冠筒下部并与花冠裂片互生；花瓣喉部黄色，具红色纵向条纹。幼果细长弯曲，萼片单裂，个别在尖端有浅裂痕，果实长大后渐直，成熟后呈长纺锤形，两端钝尖，果粒大，最大果长可达4.1cm。‘宁杞8号’与近似品种比较的主要不同点如下：

性状	‘宁杞8号’	‘宁杞1号’
叶色	幼叶绿色，老叶灰白色	绿色
花	花瓣喉部黄色，具红色纵状条文	花瓣喉部黄色
果	幼果长而弯曲，成熟后长纺锤形	幼果绿色，成熟后长矩形

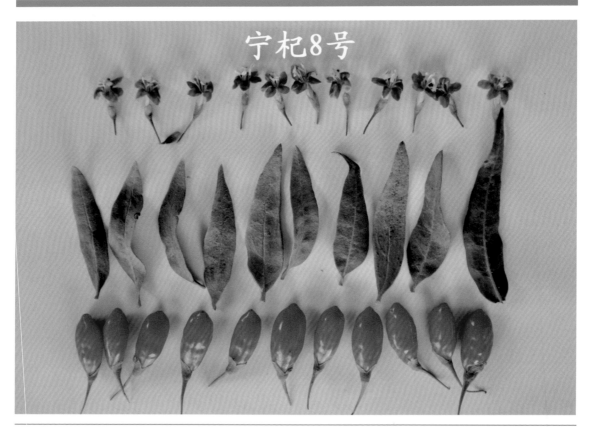

宁杞8号

宁杞9号

（枸杞属）

联系人：李永华
联系方式：0951-4077321　国家：中国

申请日：2012-2-28
申请号：20120023
品种权号：20120110
授权日：2012-7-31
授权公告号：第1208号
授权公告日：2012-7-31
品种权人：宁夏森淼种业生物工程有限公司
培育人：李健、王锦秀、王立英、黄占明、赵健、南雄雄、常红宇、秦彬彬、刘思洋、俞树伟

品种特征特性：'宁杞9号'是以'宁杞1号'同源四倍体98-2与河北枸杞杂交选育获得。落叶灌木，茎直立，灰褐色，上部多分枝形成伞状树冠。叶片肥厚，长椭圆形。叶长 5.2～8.4cm，宽 1.72.4cm，厚 0.95～1.5mm。在当年枝上单叶互生，老眼枝上三叶簇生，少互生。花 5 雄 1 雌，花冠、花梗紫色，花萼钟形三裂，稀 2 裂，花 3～6 朵簇生叶腋，合瓣花。花柄长 2～2.8cm，开花时，花冠绽开直径 1.6～2cm，花丝基部具稠密绒毛，花柱长，稍高出花冠。幼果绿白色，成熟后鲜红色，具 3～4 条规则纵棱，先端钝尖。鲜果平均果长 1.93～2.31cm，果径 0.7～0.96cm，果肉厚 0.7～1.4mm，内多含饱籽 1 粒，稀 2 粒，庇籽 16～19 粒。'宁杞9号'与近似品种比较的主要不同点如下：

性状	'宁杞9号'	'宁杞1号'
枝条	枝条长而弓形下垂，无刺	枝条下垂，少量刺
叶片	叶片肥厚，长椭圆形	叶片小，较薄，披针形或长椭圆形
花柱	稍高出花冠	稍低于花冠
果实	幼果绿白色，成熟后长矩形具 3～4 条规则纵棱。多秕籽，1～2 粒饱籽	幼果绿色，成熟后长矩形。多饱籽，稀秕籽

宁杞9号

宁杞1号

宁杞9号

宁杞1号

宁杞9号

宁杞1号

芳纯如嫣

（蔷薇属）

联系人：刘冬

联系方式：010-62336126　　国家：中国

申请日：2009-11-30
申请号：20090049
品种权号：20120111
授权日：2012-7-31
授权公告号：第1208号
授权公告日：2012-7-31
品种权人：北京林业大学
培育人：张启翔、叶灵军、罗乐、
潘会堂、孙明、杨玉勇、于超

品种特征特性：'芳纯如嫣'是从播种的'现代艺术'×'休姆主教'的杂种一代中选出，实生苗生长健壮，后通过扦插繁殖获得。'芳纯如嫣'为直立灌木，株高 40～70cm，冠幅 40～60cm，萌蘖性强；茎干皮刺少，一至二年生枝条多浅绿色或绿色；羽状复叶，小叶通常 7，宽卵形或卵状长圆形，先端突尖或圆顿，基部宽心形或心形，缘有锯齿，草绿色至深绿色，正面稍光亮，无毛，背面无毛，叶长 15～40mm，宽 10～30mm；托叶大部分与叶柄合生，光滑；花单生或 3～5 多聚生，花梗长，微具腺毛。花粉红色，单瓣，5～8 枚，常有数枚雄蕊瓣化，花冠开张浅碗状，直径约 50～55mm，微有香气，萼片卵状披针形，缘有短白柔毛和腺毛；蔷薇果圆形或卵圆形，长 1.5～2cm，黄或橘红色；花期 5 月下旬，6～8 月最盛，一直持续到 11 月，果期 10～11 月。'芳纯如嫣'22～24℃生长良好，每天光照不少于 5～6h，冬季温度低于 5℃进入休眠，能耐 -15℃以下的低温，夏季温度 32℃以上进入半休眠状态，能耐 35℃高温，选择通风和光照良好，土壤透水性好、疏松、肥沃的地方栽培为宜。'芳纯如嫣'同对照品种'红帽子'比较的不同点如下表：

品种	花色	花瓣型	枝刺	花期
'芳纯如嫣'	粉红色，中心略泛白	端部微卷，尖凸	少	6～11 月
'红帽子'	红色，中心粉红色	端部圆	中	6～10 月

凌波仙子

（蔷薇属）

联系人：倪功
联系方式：0871-5693019　国家：中国

申请日：2009-12-26
申请号：20090065
品种权号：20120112
授权日：2012-7-31
授权公告号：第1208号
授权公告日：2012-7-31
品种权人：云南锦苑花卉产业股份有限公司
培育人：曹荣根、李广鹏、倪功、邓剑川

品种特征特性：'凌波仙子'是对'Vendela'的变异枝进行扦插繁殖获得。'凌波仙子'为常绿灌木，植株高度为中；枝干直立性强，基枝萌发率中等，侧枝生长强壮；具皮刺，密度中等；小叶数3～7，叶色淡绿色至绿色，有光泽，顶端小叶基部圆形；花茎长为60～90cm，花蕾为卵形，花色为纯白，花型为高芯翘角状，花苞直径为2～3cm，完全开放后花朵直径可达12～14cm，花朵高度约5.0cm，花重瓣为阔瓣，花瓣数量为60～80片，属于大花型品种。花瓣边缘折卷强，起伏中到弱；花有淡香。'凌波仙子'适宜在温度为10～28℃，湿度为60%～85%，土壤pH6～6.5，有机质丰富，疏松透气的环境栽培，栽培技术与一般的月季品种相同。'凌波仙子'同母株比较的不同点如下：

对比品种	颜色
母株'Vendela'	乳白泛粉红色
'凌波仙子'	纯白色

天山祥云

（蔷薇属）

联系人：郭润华

联系方式：13999713262　国家：中国

申请日：2010-1-18

申请号：20100009

品种权号：20120113

授权日：2012-7-31

授权公告号：第1208号

授权公告日：2012-7-31

品种权人：伊犁师范学院奎屯校区

培育人：郭润华、隋云吉、刘虹、张启翔、罗乐

品种特征特性：'天山祥云'是从播种的"疏花蔷薇"×"粉和平"的杂种一代中选出，实生苗生长健壮，后通过扦插手段扩繁获得。'天山祥云'为半直立型灌木，株高250cm以上（120cm以上为高大型），长枝条略下弯；冠径可达250cm；叶形椭圆，叶尖锐尖，叶基楔形，叶缘浅锯齿；皮刺为斜直刺，老枝皮刺脱落，刺体小，刺体密度：少刺；花5～10朵聚生，粉红色；花平瓣；花形盘状；花径6.5～7cm（中型偏小），花瓣数18～20（半重瓣）；花芳香；花蕾卵形；花丝黄色。花期5～6月，共50～60天（近两季），盛花期45天左右；果期7～9月。'天山祥云'适宜在通风和光照良好，土壤透水性好、疏松、肥沃的地方栽培。'天山祥云'与对照品种'红帽子'比较的不同点为：

品种	花色	花瓣数/枚	枝刺	感染白粉病	地上部分抗寒性
'天山祥云'	粉红	18～20	中	少	好
'红帽子'	大红	5～20	中	中	弱

蝶舞晚霞

（蔷薇属）

联系人：刘冬

联系方式：010-62336126   国家：中国

申请日：2009-11-30

申请号：20090052

品种权号：20120114

授权日：2012-7-31

授权公告号：第1208号

授权公告日：2012-7-31

品种权人：北京林业大学

培育人：张启翔、潘会堂、罗乐、杨玉勇、白锦荣、孙明、于超

品种特征特性： '蝶舞晚霞'是从播种的'巴比伦'בּ×'休姆主教'的杂种一代中选出，实生苗生长健壮，后通过扦插繁殖获得。'蝶舞晚霞'为直立灌木，株高40～80cm，冠幅40～65cm，性强健。茎干皮刺少，枝条绿色或略带紫红色；羽状复叶，小叶5～7，宽卵形或卵状长圆形，先端渐尖，基部近心形，缘有锯齿，叶草质，深绿色，两面无毛，叶长20～55mm，宽12～30mm；托叶大部分与叶柄合生，缘有腺毛。花单生或2～3朵聚生，花梗长，光滑无毛；花橘黄色至橘红色，花瓣35～55枚，花型开展碗状，直径约50～60mm，微有香气，萼片卵状披针形，缘有白色短柔毛。蔷薇果圆形或长卵圆形，长1.5～2cm，黄红或橘红色。花期6月上旬，一直持续到10月下旬，果期10～11月。'蝶舞晚霞'在22～24℃生长良好，每天光照不少于5～6h，冬季温度低于5℃进入休眠，能耐-15℃以下的低温，夏季温度32℃以上进入半休眠状态，能耐35℃高温，选择通风和光照良好，土壤透水性好、疏松、肥沃的地方栽培为宜。'蝶舞晚霞'同对照品种'喋喋不休'比较的不同点如下表：

品种	花色	花瓣数	枝刺	花期
'蝶舞晚霞'	橘黄至橘红	35～55	少	6～10月
'喋喋不休'	浅黄	35～45	中	6～8月

蜜月

（蔷薇属）

联系人：王其刚

联系方式：0871-5895699/13577044553　　国家：中国

申请日：2010-1-11

申请号：20100006

品种权号：20120115

授权日：2012-7-31

授权公告号：第1208号

授权公告日：2012-7-31

品种权人：云南省农业科学院

培育人：张颢、王其刚、李树发、蹇洪英、王继华、晏慧君、唐开学、邱显钦、张婷

品种特征特性：'蜜月'是以切花月季品种'影星'（Movie Star）为母本，'黑魔术'（Black Magic）为父本，经四年杂交选育获得的。'蜜月'为灌木，植株直立，切枝长度90～120cm，花枝均匀，花梗长而坚韧，多刺毛；花红色，单生于茎顶，高心卷瓣杯状型，内外花瓣颜色均匀，重瓣、花瓣数36～45枚，花瓣圆阔瓣形，花径9～12cm，萼片延伸程度很强；叶互生，大叶卵形、叶脉清晰、深绿色、有强光泽，7小叶，叶缘复锯齿、顶端小叶基部圆形，小叶叶尖锐尖形，嫩叶红褐色，嫩枝褐绿色；植株皮刺为斜直刺，刺嫩绿色、基部红褐色，在茎的中上部近无刺，茎的中下部刺数量中等，刺大无小密刺；植株生长旺盛，抗病性强，年产量20枝／株；鲜切花瓶插期8～10天。'蜜月'适宜亚热带、温带地区保护地栽培。'蜜月'同近似品种'夏洛特'比较的不同点如下表：

性状	'蜜月'	'夏洛特'
长刺（大刺）：数量	中等	很多
叶片：大小	很大	中等
叶：叶表面光泽	很强	中等
小叶：叶缘锯齿状	复锯齿	粗锯齿
顶端小叶：叶片长度 (+)	长	中等
顶端小叶：叶尖形态 (+)	锐尖	凸尖
花梗：茸毛或刺毛数量	多	少
花瓣：数量	36～45	21～30
花瓣：边缘波形	弱	中等

粉红女郎

（蔷薇属）

联系人：王其刚

联系方式：0871-5895699/13577044553　　国家：中国

申请日：2010-1-11

申请号：20100007

品种权号：20120116

授权日：2012-7-31

授权公告号：第1208号

授权公告日：2012-7-31

品种权人：云南省农业科学院

培育人：张颢、李树发、王其刚、蹇洪英、邱显钦、唐开学、晏慧君、张婷、王继华

品种特征特性： '粉红女郎'是以切花月季品种'新粉'（New Pink）为母本，'黑魔术'（Black Magic）为父本，经四年杂交选育获得的。'粉红女郎'为灌木，植株直立，切枝长度70～100cm，花枝均匀、花梗长度中等、粗壮直立性好，花梗下部有蜜刺毛，上端无；花粉红色，单生于茎顶，高心卷瓣杯状型，内外花瓣颜色均匀，重瓣、花瓣数30～37枚，花瓣圆瓣形，花径9～12cm，萼片延伸程度强；叶互生，叶大小中等、卵形、叶脉清晰、深绿色、光泽度中等，7小叶，叶缘复锯齿、顶端小叶基部圆形，小叶叶尖锐尖形，嫩叶浅红色，嫩枝红棕色；植株皮刺为平直刺，刺尖端嫩绿色、基部红褐色，在茎的中上部近无刺，茎的中下部刺很多，刺大无小密刺；植株生长旺盛，抗病性强，年产量20枝/株；鲜切花瓶插期8～10天。'粉红女郎'适宜亚热带、温带地区保护地栽培。'粉红女郎'同近似品种'小桃红'比较的不同点如下表：

性状	'粉红女郎'	'小桃红'
刺：状态 (+)	平直刺	斜直刺
长刺（大刺）：数量	很多	无或很少
叶片：大小	中等	很大
叶：叶表面光泽	中等	很强
小叶：叶缘锯齿状	复锯齿	粗锯齿
花梗：茸毛或刺毛数量	少	中等
花萼：延伸和叶化的情况 (+)	强	中等
花瓣：数量	30～37	26～33
花瓣：形状 (+)	圆瓣	圆阔瓣
花瓣：花瓣里面中部带区颜色 (+)	RHS62A	RHS54A
花瓣：花瓣里面边缘带区颜色 (+)	RHS62A	RHS58B
花瓣：花瓣外面中部带区颜色 (+)	RHS63B	RHS51A
花瓣：花瓣外面边缘带区颜色 (+)	RHS63B	RHS63A
花瓣：边缘反折强度	很强	强
花瓣：边缘波形	弱	中等

赤子之心

（蔷薇属）

联系人：王其刚

联系方式：0871-5895699/13577044553　国家：中国

申请日：2010-1-11
申请号：20100008
品种权号：20120117
授权日：2012-7-31
授权公告号：第1208号
授权公告日：2012-7-31
品种权人：云南省农业科学院
培育人：张颢、王其刚、蹇洪英、李树发、张婷、唐开学、邱显钦、晏慧君、王继华

品种特征特性：'赤子之心'是以切花月季品种'新粉'（New Pink）为母本，'黑魔术'（Black Magic）为父本，经四年杂交选育获得的。'赤子之心'为灌木，植株直立，切枝长度 60～100cm，花枝均匀、花梗长度长、粗壮直立性好，花梗下端有蜜刺毛，上端无；花红色，单生于茎顶，高心卷瓣杯状型，内外花瓣颜色均匀，重瓣、花瓣数 40～48 枚，花瓣圆瓣形，花径 9～12 cm，萼片延伸很少；叶互生，大叶卵形、叶脉清晰、深绿色、光泽度中等，7 小叶，叶缘复锯齿、顶端小叶基部圆形，小叶叶尖锐尖形，嫩叶浅红色，嫩枝红棕色；植株皮刺为平直刺、红棕色，在茎的中上部近无刺，茎的中下部刺很多，刺大无小密刺；植株生长旺盛，抗病性强，年产量 20 枝/株；鲜切花瓶插期 8～10 天。'赤子之心'适宜亚热带、温带地区保护地栽培。'赤子之心'同近似品种'卡罗拉'比较的不同点如下表：

性状	'赤子之心'	'卡罗拉'
刺：状态 (+)	平直刺	斜直刺
刺颜色	红棕色	嫩绿色
短刺 (小刺)：数量	无或很少	多
长刺 (大刺)：数量	多	中等
小叶：数量	7 叶	5 叶
顶端小叶：叶片长度 (+)	长	中等
花梗：长度	长	中等
花瓣：数量	40～48	25～33
花瓣：形状 (+)	圆瓣	圆阔瓣
花瓣：花瓣里面中部带区颜色 (+)	RHS46A	RHS45A
花瓣：花瓣里面边缘带区颜色 (+)	RHS46A	RHS45A
花瓣：花瓣外面中部带区颜色 (+)	RHS47A	RHS45C
花瓣：花瓣外面边缘带区颜色 (+)	RHS47A	RHS45C

妃子笑

（蔷薇属）

联系人：刘冬

联系方式：010-62336126　国家：中国

申请日：2009-11-30

申请号：20090051

品种权号：20120118

授权日：2012-12-26

授权公告号：第1302号

授权公告日：2012-12-26

品种权人：北京林业大学

培育人：张启翔、白锦荣、潘会堂、杨玉勇、孙明、罗乐、于超

品种特征特性： '妃子笑'是从播种的娇艳'דּ'一品朱衣'的杂种一代中选出，实生苗生长健壮，后通过扦插繁殖获得。'妃子笑'为直立灌木，株高 30～60cm，冠幅 40～60cm，萌蘖性强。茎干皮刺多，一至二年生枝条绿色或黄绿色，略带红；羽状复叶，小叶 5～7，宽卵形或卵状长圆形，先端渐尖，基部近心形，缘有锯齿，绿色至深绿色，正面稍光亮，无毛，背面无毛，叶长 20～50mm，宽 10～30mm；托叶大部分与叶柄合生，缘有腺毛；花单生或 3～5 多聚生，花梗长，具腺毛。花粉紫或紫红色，花瓣 30～50 枚，花冠高挺紧凑，直径约 30～45mm，微有香气，萼片卵状披针形，缘有腺毛；蔷薇果圆形或卵圆形，长 1.5～2.5cm，黄或橘红色；花期 5 月中旬，6～8 月最盛，一直持续到 10 月，果期 10～11 月。'妃子笑'在 22℃～24℃生长良好，每天光照不少于 5～6h，冬季温度低于 5℃进入休眠，能耐 -15℃以下的低温，夏季温度 32℃以上进入半休眠状态，能耐 35℃高温，选择通风和光照良好，土壤透水性好、疏松、肥沃的地方栽培为宜。'妃子笑'同对照品种'红魔王'比较的不同点如下表：

品种	花色	花型	香味	花期
'妃子笑'	粉紫或紫红	瓣圆，微卷，紧凑	稍香	5～10 月
'红魔王'	红	瓣三角状卵圆，反卷，开展	无	5～9 月

月光

（蔷薇属）

联系人：倪功

联系方式：0871-5693019 国家：中国

申请日：2009-12-26
申请号：20090066
品种权号：20120119
授权日：2012-12-26
授权公告号：第1302号
授权公告日：2012-12-26
品种权人：云南锦苑花卉产业股份有限公司
培育人：倪功、曹荣根、李飞鹏、邓剑川

品种特征特性：'月光'是对'Schobont'的变异枝进行扦插繁殖获得。'月光'常绿灌木，植株高度为中；枝干直立性强，基枝萌发率中等，侧枝生长中；具皮刺，密度中等；小叶数 3～7，叶色淡绿色至绿色，有光泽，顶端小叶基部圆形；花茎长为 40～70cm，花蕾为卵形，花色为白色略泛浅绿，花型为高芯不翘角，外层花瓣较松散，俯视呈星型；花苞直径为 2～3cm，完全开放后花朵直径可达 10～12cm，花朵高度约4.5cm，花重瓣为阔瓣，花瓣数量为 25～35 片，属于大花型品种；花瓣边缘折卷弱，起伏中到弱；花有淡香。'月光'适宜在温度为 10～28℃，湿度为 60%～85%，土壤 pH6～6.5，有机质丰富，疏松透气的环境栽培，栽培技术与一般的月季品种相同。'月光'同母株比较的不同点如下：

对比品种	颜色
母株'Schobont'	粉红色边带桃红色
'月光'	白色泛浅绿

南林果4

（银杏）

联系人：曹福亮
联系方式：025-85427099　国家：中国

申请日：2010-9-6
申请号：20100059
品种权号：20120120
授权日：2012-12-26
授权公告号：第1302号
授权公告日：2012-12-26
品种权人：南京林业大学
培育人：曹福亮、汪贵斌、张往祥、郁万文、赵洪亮

品种特征特性：'南林果4'亲本来源于江苏吴县洞庭东山镇，属于优良单株。树势强健，干性强，层性明显，树体直立，大枝近水平开张，分枝稀疏；叶在一年生长枝上螺旋状散生，在短枝上3～8叶呈簇生状，多三角状扇形，叶面稍向上纵卷，具浅中裂或不明显；雌花具长梗，梗端常分两叉，每叉顶生一盘状珠座，胚珠着生其上，胚珠呈樽状或杯口状；球果圆形或长圆形，熟时橘黄色或淡黄色，被薄白粉，油胞圆或长圆，凸出种皮之上，并稀疏而均匀地分布于球果中下部；种核佛指形，略扁，两端略尖，上下基本一致，先端较基部稍圆，具小尖；4月下旬授粉，9月底成熟。'南林果4'喜光照充足，土壤疏松、深厚肥沃、排水良好。'南林果4'与对照品种'洞庭皇'比较的不同点为：

	单株产量 (kg)	单果重 (g)	单核重 (g)	种实长 (cm)	种实宽 (cm)
'南林果4'	197.5	8.485	2.000	2.671	2.223
'洞庭皇'	119.0	6.426	1.696	2.545	1.675
	种核长 (cm)	种核宽 (cm)	总内酯 (%)	银杏酸 (ug/g)	
'南林果4'	2.449	1.525	0.315%	23.7	
'洞庭皇'	2.318	1.413	0.193%	32.8	

南林果5

（银杏）

联系人：曹福亮
联系方式：025-85427099　国家：中国

申请日：2010-9-6
申请号：20100060
品种权号：20120121
授权日：2012-12-26
授权公告号：第1302号
授权公告日：2012-12-26
品种权人：南京林业大学
培育人：曹福亮、张往祥、郁万文、汪贵斌、宫玉臣

品种特征特性：'南林果5'亲本来源于山东省郯城县新村乡，为100年生嫁接母树，属于优良单株。树体矮小，树势强壮，生长势中等，成枝率低，树姿开张，枝条节间短；叶在一年生长枝上螺旋状散生，在短枝上3～8叶呈簇生状；叶片大而厚，颜色浓绿；雌花具长梗，梗端常分两叉，每叉顶生一盘状珠座，胚珠着生其上；果长圆形或广卵圆形，熟时橙黄色，被较厚白粉，先端钝圆，珠孔迹小而不明显；种核形态为长子一佛指过渡型，核形系数1.72；种核卵圆形，先端棱线明显，顶端有尖，最宽处在中上部，基部两束迹呈两点状；该品种种核中等，'南林果5'果长×宽为3.32cm×2.55cm，种核长×宽为2.81cm×1.63cm，单果重12.156g，单核重2.785g，为供试品种中单果最大的品种；种仁营养丰富，种仁中蛋白质含量10.06%，是对照品种郯魁的1.86倍；总黄酮含量0.118%，是对照品种的1.85倍；银杏总酚酸含量27.06ug/g，为对照品种低78.3%；4月下旬授粉，10月上旬成熟，属晚熟品种。'南林果5'喜光照充足、土壤疏松、深厚肥沃、排水良好的环境。'南林果5'与对照品种'郯魁'比较的不同点为：

	单果重(g)	单核重(g)	种实长(cm)	蛋白质(%)	可溶性糖(%)	总黄酮(%)	银杏酸(ug/g)
'南林果5'	12.156	2.785	3.320	10.06	7.52	0.118	27.06
'郯魁'	10.857	2.657	2.792	5.41	6.61	0.064	34.55

南林外1

（银杏）

联系人：曹福亮
联系方式：025-85427099　国家：中国

申请日：2010-9-6
申请号：20100061
品种权号：20120122
授权日：2012-12-26
授权公告号：第1302号
授权公告日：2012-12-26
品种权人：南京林业大学
培育人：曹福亮、郁万文、汪贵斌、张往祥、赵洪亮

品种特征特性：'南林外1'亲本来源于江苏省农学院，属优良单株。'南林外1'大树树冠多圆头形，树势强，侧枝少，主枝旺；幼树发枝量稍大，进入结果期早，生产性能强；叶在一年生长枝上螺旋状散生，在短枝上3～8叶呈簇生状，多扇形，淡绿色，中裂浅，缘有浅波状缺刻；雌花具长梗，梗端常分两叉，每叉顶生一盘状珠座，胚珠着生其上，胚珠呈半圆形；球果长圆形或广卵圆形，熟时淡枯黄色，被较厚白粉，有淡褐色油胞；先端钝圆，珠孔迹小而明显；球果较大，球果柄细长，基部粗扁，中部细；种核长卵圆形，无腹背之分；先端宽圆渐尖，具小突尖，中部以下渐狭，基部广楔形；本品种球果和种核较大，性糯味甜。'南林外1'喜光照充足、土壤疏松、深厚肥沃、排水良好的环境。'南林外1'与对照品种'洞庭皇'比较的不同点为：

	单株种实产量	外种皮出皮率 (%)	酚酸含量 (mg/g)	单株酚酸产量
'南林外1'	259.5kg	76.48	6.52	323.5g
'洞庭皇'	119.0kg	74.67	3.24	72.0g

南林外2

（银杏）

联系人：曹福亮

联系方式：025-85427099　国家：中国

申请日：2010-9-6

申请号：20100062

品种权号：20120123

授权日：2012-12-26

授权公告号：第1302号

授权公告日：2012-12-26

品种权人：南京林业大学

培育人：曹福亮、汪贵斌、张往祥、郁万文、赵洪亮

品种特征特性：'南林外2'亲本来源于江苏苏州吴县东山镇，属优良单株。'南林外2'大树高大，中干强，层性明显；形成上层树冠后，树高一般8～10m，枝干粗壮；幼树发枝量稍大，进入结果期早，生产性能强；叶在一年生长枝上螺旋状散生，在短枝上3～8叶呈簇生状，叶较小，叶色较淡，中裂较浅或不甚明显；在长枝上自梢部至基部叶片的形状依次为三角形、扇形、截形和如意形；球果长卵圆形，熟时淡橙黄色，被薄白粉，多单果；球果先端圆钝，基部蒂盘近正圆，基部略现偏斜；球果柄细长，基部粗，顶端细；种核长卵形，色白腰圆。先端尖削，具秃尖；种核两侧具棱，棱线明显，但无翼状边缘；4月下旬授粉，10月上旬成熟。'南林外2'喜光照充足、土壤疏松、深厚肥沃、排水良好的环境。'南林外2'与对照品种'洞庭皇'比较的不同点为：

	单株种实产量		外种皮出皮率(%)	酚酸含量(mg/g)	单株酚酸产量	
'南林外2'	187.8kg	192.81%	75.81	6.75	240.3g	206.76%
'洞庭皇'	119.0kg	122.2%	74.67	3.24	72.0g	62.0%

南林外3

（银杏）

联系人：曹福亮

联系方式：025-85427099　国家：中国

申请日：2010-9-6

申请号：20100063

品种权号：20120124

授权日：2012-12-26

授权公告号：第1302号

授权公告日：2012-12-26

品种权人：南京林业大学

培育人：曹福亮、张往祥、郁万文、汪贵斌、赵洪亮

品种特征特性：'南林外3'亲本来源于山东郯城县花园乡，属优良单株。'南林外3'树势强健，发枝力强，成枝率高，多具明显的中心主干，层性也十分明显，侧枝较比开张，树冠多呈塔形或半圆形；幼树发枝量稍大，进入结果期早，生产性能强；叶在一年生长枝上螺旋状散生，在短枝上3～8叶呈簇生状，多扇形，少数三角形；叶色深，叶片厚；球果近圆形，熟时橙黄色，具薄白粉；先端圆钝，顶部呈"O"字形凹入，珠孔孔迹明显；基部蒂盘长椭圆形，表面高低不平，周缘波状，稍见凹入；种核近圆形、略扁，中间鼓起，丰满状；先端钝圆，具不明显之小尖；基部二束迹点较小，但明显突出；两侧棱线明显且可见宽翼状边缘；'南林外3'单果重、出皮率较稳定；果中等肉厚（0.62cm），其纵径1.97cm，横径1.67cm。'南林外3'喜光照充足、土壤疏松、深厚肥沃、排水良好的环境。'南林外3'与对照品种'洞庭皇'比较的不同点为：

	外种皮出皮率		总酚酸含量	
'南林外3'	77.15%	104.4%	10.24mg/g	158.5%
'洞庭皇'	74.67%	101.8%	3.24mg/g	50.0%

南林外4

（银杏）

联系人：曹福亮

联系方式：025-85427099　国家：中国

申请日：2010-9-6
申请号：20100064
品种权号：20120125
授权日：2012-12-26
授权公告号：第1302号
授权公告日：2012-12-26
品种权人：南京林业大学
培育人：曹福亮、郁万文、汪贵斌、张往祥

品种特征特性: ‘南林外4’亲本来源于贵州道真，属优良单株。‘南林外4’树冠多圆头形，树势强，发枝量大，主枝旺，产量中等；叶在一年生长枝上螺旋状散生，在短枝上3～8叶呈簇生状；成龄树叶片一般无明显缺刻，幼树叶大而肥厚，一年生枝上的叶大多为扇形，二裂明显；雌花具长梗，梗端常分两叉，每叉顶生一盘状珠座，胚珠着生其上，胚珠呈樽状或杯口状；果圆形，熟时淡橘黄色，被薄白粉，球果先端钝圆，珠孔迹小而明显，稍显凹陷，基部狭圆，呈圆筒状，向一侧歪斜；蒂盘长圆形或椭圆形，微突，表面高低不平；球果中等肉厚，果柄短基部粗扁，中上部细而弯曲；进入开花结实时间早，稳产性强，抗病虫力也强；4月底授粉，9月底至10月上旬成熟；南林外4球果纵径2.00cm，横径2.00cm，单粒果重4.8～5.6g。‘南林外4’喜光照充足、土壤疏松、深厚肥沃、排水良好的环境。‘南林外4’与对照品种‘洞庭皇’比较的不同点为：

	外种皮出皮率		酚酸含量	
‘南林外4’	79.90%	108.2%	10.32 mg/g	159.8%
‘洞庭皇’	74.67%	101.8%	3.24 mg/g	50.0%

翡翠1号

（爬山虎属）

联系人：孙振元

联系方式：010-62889626　国家：中国

申请日：2010-9-10

申请号：20100065

品种权号：20120126

授权日：2012-12-26

授权公告号：第1302号

授权公告日：2012-12-26

品种权人：中国林业科学研究院林业研究所

培育人：孙振元、巨关升、韩蕾、钱永强

品种特征特性：'翡翠1号'是从安徽霍山海拔800～1000m的山谷林下及山坡灌丛边缘引种川鄂爬山虎野生种源材料（裸根苗、枝条及种子）共25份材料，进行扩繁优选获得。'翡翠1号'枝（藤）及小枝（藤）圆柱形或有纵棱。叶为掌状5小叶，小叶倒卵长椭圆形或倒卵披针形，顶端急尖或渐尖，基部楔形，边缘上半部锯齿状，近轴叶面深绿色，无毛，远轴叶面浅绿色，脉上被短柔毛。多歧聚伞花序，圆锥状，中轴明显，假顶生；花蕾椭圆形或微呈倒卵椭圆形；萼碟形；花瓣5，椭圆形；雄蕊5，花药长椭圆形；子房近球形，花柱明显；果实球形，直径0.6～0.8 cm，有种子1～4颗；原产地花期7～8月，果期9～10月。'翡翠1号'在降水400mm的自然条件下可正常生长；对土壤肥力要求不严，喜酸性土壤。'翡翠1号'与对照品种绿爬山虎野生种比较的不同点为：

	叶色	枝条
'翡翠1号'	春季浓绿、夏季嫩黄	分枝能力强，分枝量大
绿爬山虎野生种	季节变化不明显	分枝能力差，分枝较少

银脉1号

(爬山虎属)

联系人：孙振元

联系方式：010-62889626　国家：中国

申请日：2010-9-10

申请号：20100066

品种权号：20120127

授权日：2012-12-26

授权公告号：第1302号

授权公告日：2012-12-26

品种权人：中国林业科学研究院林业研究所

培育人：孙振元、巨关升、韩蕾、钱永强

品种特征特性：'银脉1号'是从河南伏牛山地区山谷林下及山坡灌丛引种川鄂爬山虎野生种源共35份材料，进行扩繁优选获得。'银脉1号'为落叶藤本，小枝具4纵棱，卷须多分枝；叶为掌状复叶，小叶5枚，小叶倒卵长椭圆形或倒卵披针形，顶端急尖或渐尖，基部楔形，边缘上半部锯齿状；嫩叶及成熟叶叶背红紫色，近轴叶脉呈白色。'银脉1号'在降水400mm的自然条件下可正常生长；对土壤肥力和理化特性要求不严。'银脉1号'与对照品种野生川鄂爬山虎比较的不同点为：

	白色叶脉	白色叶脉持续时间
'银脉1号'	宽大，白色面积为野生种的2倍	整个生育期持久保持
野生川鄂爬山虎	窄	保持到7月中下旬

秀山红

(蔷薇属)

联系人：王其刚

联系方式：13577044553　国家：中国

申请日：2010-11-25

申请号：20100081

品种权号：20120128

授权日：2012-12-26

授权公告号：第1302号

授权公告日：2012-12-26

品种权人：云南丽都花卉发展有限公司、云南省农业科学院花卉研究所

培育人：朱应雄、蹇洪英、王其刚、张婷、晏慧君、邱显钦、张颢、唐开学、孙纲、刘亚萍

品种特征特性：'秀山红'是以切花月季品种'影星'（Movie Star）为母本、'黑魔术'（Black Magic）为父本杂交选育获得。申请品种'秀山红'为灌木，植株直立。皮刺为平直刺，刺嫩绿色、基部红褐色，茎中上部少刺，中下部皮刺数量中等，刺大无小密刺。小叶卵圆形，大小中等，叶脉清晰、深绿色；5小叶，叶缘复锯齿，顶端小叶叶尖骤尖，叶基圆形，有强光泽。花单生茎顶，粉红色，高心阔瓣杯状型；内外花瓣颜色均匀，花瓣数70～80枚；花瓣圆阔瓣形，花径9～12cm；萼片延伸程度中等。切枝长度130～150cm，花枝均匀，花梗长而坚韧，少量刺毛。植株生长旺盛，年产量20枝/株。鲜切花瓶插期8～10天。'秀山红'与近似品种'影星'比较的不同点如下：

品种名称	长刺数量	叶表面光泽	花色	花瓣数量	花瓣边缘波状程度
'秀山红'	很多	强	粉红色	70～80	强
'影星'	中等	中等	粉色	35～45	弱

日丽

（核桃属）

联系人：侯立群
联系方式：0531-88557748　国家：中国

申请日：2011-4-29
申请号：20110029
品种权号：20120129
授权日：2012-12-26
授权公告号：第1302号
授权公告日：2012-12-26
品种权人：山东省林业科学研究院、泰安市绿园经济林果树研究所
培育人：侯立群、王钧毅、赵登超、韩传明、崔淑英、王翠香

品种特征特性：'日丽'为核桃实生选育获得。树姿开张，树冠半圆形；有主干，枝条紧密，侧枝较细。枝干光滑，枝条有光泽。奇数羽状复叶，小叶数5～9片，叶柄较细；叶片长卵形，叶尖突尖，叶柄光滑，叶片黄绿色。雌花芽较大，圆形，着生在枝条顶端1～3芽；雄花芽中等大小，短圆形，着生在短枝中上部；每个花序着生雌花1～2个，雄花较少，雄花序长度8～20cm。'日丽'为晚实品种，果枝以单、双果为主，结果母枝连续结果能力较强可连续4～5年结果；每个结果母枝平均结果1.6个。青果卵圆形，果柄长1.5～2cm，青皮厚3.8mm，果实表面有绒毛，具密集较大黄斑点；果顶尖，基部圆形，纵径4.25cm，横径3.16cm，侧径3.30cm。壳面光滑，缝合线平，结合较紧密；壳厚1.29mm，内褶壁退化，横膈膜膜质，取仁容易，内种皮淡黄色，种仁充实饱满，平均坚果重11.92g，单仁重5.87g，出仁率49.24%；种仁脂肪含量为64.5%，蛋白质含量为15.1%，种仁浓香微涩。'日丽'与近似品种比较的不同点如下：

品种名称	一年生枝	坚果成熟期	果型	果壳顶部
'芹泉1号'	银灰色	9月中旬	圆形	平圆
'日丽'	灰褐色	8月下旬	长椭圆形	尖

普桉1号

（桉属）

联系人：廖柏勇
联系方式：13825399821　国家：中国

申请日：2011-6-28
申请号：20110042
品种权号：20120130
授权日：2012-12-26
授权公告号：第1302号
授权公告日：2012-12-26
品种权人：嘉汉林业（广州）有限公司
培育人：廖柏勇、康汉华

品种特征特性：'普桉1号'是从母本'尾叶桉'、父本'细叶桉'的杂交 F_1 代选育获得。常绿高大乔木，树干通直，有明显单一主干；树皮光滑，基部有宿存皮；树皮纵裂呈块状纸质脱落，浅棕灰色。叶片阔而长，叶色深绿。花芽较多，蒴盖圆锥形，具喙。萼筒、果实均为半球形。果盘下倾，果爿突出。'普桉1号'与近似品种比较的不同点如下：

品种名称	树皮	叶形	果盘	果爿
'普桉1号'	光滑	扩长披针形或镰形	下倾	突出
'尾叶桉'	粗糙	卵状披针形	微下倾	直立突出
'细叶桉'	光滑	狭长披针形	隆起近球形	隆起，与果盘融合

普桉2号

（桉属）

联系人：廖柏勇

联系方式：13825399821　国家：中国

申请日：2011-6-28
申请号：20110043
品种权号：20120131
授权日：2012-12-26
授权公告号：第1302号
授权公告日：2012-12-26
品种权人：嘉汉林业（广州）有限公司
培育人：廖柏勇、康汉华

品种特征特性：'普桉2号'是从母本'尾叶桉'、父本'细叶桉'的杂交 F_1 代选育获得。常绿高大乔木，树干通直，有明显单一主干；树皮纵向带状状开裂脱落，新皮光滑，颜色青灰色。叶片颜色较深；叶柄较长，约3.7～4.4cm；叶片狭长披针形，最长的可达28cm。腋生伞状花序，萼筒扁平圆锥形，蒴盖呈圆锥形，无喙。果实半球形，果盘微微隆起，果爿突出。'普桉2号'与近似品种比较的不同点如下：

品种名称	树皮	叶形	果盘	果爿
'普桉2号'	光滑	狭长披针形或镰形	微隆	突出
'尾叶桉'	粗糙	卵状披针形	微下倾	直立突出
'细叶桉'	光滑	狭长披针形	隆起	隆起，与果盘融合

花桥板栗2号

(板栗)

联系人：田应秋
联系方式：13975211775　国家：中国

申请日：2011-6-29
申请号：20110044
品种权号：20120132
授权日：2012-12-26
授权公告号：第1302号
授权公告日：2012-12-26
品种权人：湖南省湘潭市林业科学研究所
培育人：田应秋、梁及芝、黄志龙、周章柏、冯加生、朱天才

品种特征特性：'花桥板栗2号'是从板栗实生林中选育获得。树冠圆头形，枝条直立，结构紧凑，主枝分枝角45°～60°。枝条属长枝类型，枝条稀疏，皮色赤褐，皮孔扁圆，果前梢长度8cm，平均节间长度1.4cm。芽三角形，芽尖黄色。叶片倒卵形，叶尖渐尖，锯齿中等大，锯齿状态为内向，叶色深绿，有光泽，斜向着生，叶柄微红，长度1.7cm。雄花序平均长度12cm。每一结果新梢上雄花序数量平均9条，属少花类型，雄花序斜生。每一结果枝结苞数1～6个。混合花序刚出现时，雄花段顶端橙黄色。总苞椭圆形，平均重量80g，为中型总苞，最大总苞重158g。刺束密，硬度中等，发生方向为斜生，刺长1.5cm，黄绿色。苞皮厚0.3cm，总苞十字开裂，总苞横径6.8cm，纵径5.5cm。出实率33.3%。平均坚果重16.2g，属大型果，坚果椭圆形，红褐色，油亮，茸毛多，底座大，接线直型，易剥。坚果出仁率81.8%。'花桥板栗2号'与近似品种比较的不同点如下：

品种名称	树姿	叶片形状	坚果重	成熟期
'花桥板栗2号'	枝条直立，结构紧凑	倒卵形	16.2	8月底至9月初
'九家种'	树姿较开张	椭圆形	11.8	9月中旬

东方红

（蔷薇属）

联系人：俞红强

联系方式：13601081479　　国家：中国

申请日：2011-7-18

申请号：20110050

品种权号：20120133

授权日：2012-12-26

授权公告号：第1302号

授权公告日：2012-12-26

品种权人：中国农业大学

培育人：俞红强

品种特征特性：'东方红'是以'塞维丽娜'为母本、以'紫色美地兰'为父本杂交选育获得。丰花型月季，植株半开张型，植株高度为75cm、植株宽度为100cm；嫩枝花青素着色为RHS 183D，枝条具直刺，多为长皮刺；叶片长度为5.7cm，宽度为3.8cm，上表面具中度光泽；开花花梗附极密皮刺，花蕾为卵圆形，花型为重瓣，花瓣数量为27枚，花径为7.04cm，无香气，花瓣大小4.3cm×4.2cm，俯视花朵为圆形；花萼伸展为强至很强，花瓣内侧中部及边缘颜色红色，分别为RHS 51A和RHS 50A；花瓣外侧中部及边缘颜色为红色，介于RHS 52A及RHS 53C；花瓣边缘折卷弱，向内卷曲；外部雄蕊花丝为红色；坐果率低；初花时间为5月下旬。'东方红'与近似品种比较的主要不同点如下：

品种名称	花瓣大小	枝刺	外部花丝	花萼伸展	坐果率
'东方红'	4.3cm×4.2cm	直刺	红色	强至很强	低
'曼海姆宫殿'	3.4cm×3.1cm	斜直刺	黄色	未延伸或很弱	高

火凤凰

（蔷薇属）

联系人：俞红强
联系方式：13601081479　国家：中国

申请日：2011-7-18
申请号：20110052
品种权号：20120134
授权日：2012-12-26
授权公告号：第1302号
授权公告日：2012-12-26
品种权人：中国农业大学
培育人：俞红强

品种特征特性：'火凤凰'是以'艾丽'为母本、以'普尔曼东方快车'为父本杂交选育获得。矮丛型月季，植株直立生长，植株高度为101cm，植株宽度为95cm；嫩枝无花青素着色，枝条具皮刺，多为长钩刺；叶片长度为7.5cm，宽度为5.3cm，叶片上表面具中度光泽，小叶叶缘无褶皱；顶端小叶叶基部形状为圆形；开花花梗无皮刺，花蕾为尖圆形；花型为重瓣，花瓣数量为26枚，花径为10.7cm；具香气；俯视花朵为不规则圆形；花萼伸展为强至极强；花瓣内侧中部颜色为RHS 6D，花瓣内侧边缘颜色为RHS 37C，花瓣外侧中部颜色为RHS 6C，边缘颜色为RHS 38D；花瓣边缘折卷弱，向外翻；外部雄蕊花丝为橙黄色；初花时间为5月中旬，开花习性为连续开花。'火凤凰'与近似品种比较的主要不同点如下：

品种名称	嫩枝花青素	枝刺	顶端小叶叶基	花瓣数量	外部花丝
'火凤凰'	无	长钩刺	圆形	26枚	橙黄色
'普尔曼东方快车'	RHS 172B	长直刺	心形	64枚	粉色

火焰山

（蔷薇属）

联系人：俞红强
联系方式：13601081479　　国家：中国

申请日：2011-7-18
申请号：20110053
品种权号：20120135
授权日：2012-12-26
授权公告号：第1302号
授权公告日：2012-12-26
品种权人：中国农业大学
培育人：俞红强

品种特征特性：'火焰山'是以'巨型美地兰'为母本开放授粉杂交选育获得。藤本月季，嫩枝花青素着色为 RHS 179C，枝条具直刺，多为长皮刺；叶片长度为 4.9cm，宽度为 3.5cm，叶片上表面具中到强光泽，顶端小叶叶基部形状为心形；开花花梗无皮刺，花蕾为卵圆形；花型为重瓣，花瓣数量为 30 枚，花径为 7.2cm；无香气；花瓣大小为 3.2cm×3.3cm；俯视花朵为圆形；花萼伸展为强至极强；花瓣内侧中部及边缘颜色红色，分别为 RHS 57B、RHS 57A，花瓣外侧中部及边缘颜色为红色，分别为 RHS 68A、RHS 67C；花瓣边缘折卷弱，向外翻；外部雄蕊花丝为红色；初花时间为 5 月下旬、开花习性为一季开花，偶尔可开两季。'火焰山'与近似品种比较的主要不同点如下：

品种名称	嫩枝颜色	花萼伸展	花瓣外侧中部颜色	外部花丝
'火焰山'	RHS 179C	强至极强	RHS 68A	红色
'巨型美地兰'	RHS 172A	弱到中	RHS 58B	浅粉色

香妃

（蔷薇属）

联系人：俞红强
联系方式：13601081479　国家：中国

申请日：2011-7-18
申请号：20110055
品种权号：20120136
授权日：2012-12-26
授权公告号：第1302号
授权公告日：2012-12-26
品种权人：中国农业大学
培育人：俞红强

品种特征特性：'香妃'是以'艾丽'为母本开放授粉杂交选育获得。矮丛型月季，植株直立生长，植株高度为72cm，植株宽度为58cm；嫩枝有花青素着色为RHS178A，枝条具斜直刺，多为长刺；叶片长度为5.9cm，宽度为4.7cm，叶片上表面具中度光泽；开花花梗具极密皮刺，花蕾为卵圆形；花型为重瓣，花瓣数量为55枚，花径为9.2cm；具浓香气；俯视花朵为圆形；花萼伸展为弱至中；花瓣大小为4.4cm×3.9cm，花瓣内侧中部颜色为RHS 67B、花瓣内侧边缘颜色为RHS 67A，花瓣外侧中部颜色为RHS 58B、边缘颜色为RHS 57A；花瓣边缘折卷中，向外翻；外部雄蕊花丝为黄色；初花时间为5月中旬、开花习性为连续开花。'香妃'与近似品种比较的主要不同点如下：

品种名称	嫩枝颜色	花梗皮刺	花萼伸展	花瓣外侧中部颜色	外部花丝
'香妃'	RHS178A	极密	弱至中	RHS 58B	黄色
'粉和平'	RHS172B	密	极弱	RHS 68B	红色

岱健枣

（枣）

联系人：冯殿齐

联系方式：0538-6212671　国家：中国

申请日：2011−8−4
申请号：20110068
品种权号：20120137
授权日：2012−12−26
授权公告号：第1302号
授权公告日：2012−12−26
品种权人：泰安市泰山林业科学研究院
培育人：冯殿齐、赵进红、王玉山、王迎、张辉

品种特征特性：'岱健枣'是从枣种质资源中选育获得。树势强健，枝条粗壮；树皮灰褐色，新生枝红褐色。枣吊中等长；叶片椭圆形，平均叶长4.81cm、叶宽3.63cm。花量中等，结果稳定，丰产稳产；3～5年生为初果期，6年生后进入盛果期。果实大，近圆形，平均单果重20.62g，果面光滑，黑红色；果肉厚，白色，质地致密，汁液少；果核纺锤形，单核重0.55g。在山东省4月上旬展叶，6月上中旬盛花期，9月中旬为脆熟期，10月上中旬为完熟期。'岱健枣'与近似品种比较的主要不同点如下：

品种名称	叶片大小	叶片厚度	枣疯病感病株率
'岱健枣'	较大	较厚	26%
'圆红枣'	中等	中等	100%

红双喜石榴

（石榴属）

联系人：刘中甫
联系方式：13643823717　国家：中国

申请日：2011-8-7
申请号：20110069
品种权号：20120138
授权日：2012-12-26
授权公告号：第1302号
授权公告日：2012-12-26
品种权人：刘中甫
培育人：刘中甫

品种特征特性：'红双喜石榴'是以突尼斯软籽石榴为母本，以'粉红甜'、'泰山红'、'豫大籽石榴'为父本杂交选育获得。树形紧凑，树势中等；短枝型，嫩枝红色、四棱，老枝褐色、枝刺少。幼叶紫红，成熟叶宽大肥厚、浓绿，长椭圆形。花红色，5～7瓣。果皮全红，光洁明亮，萼片5～7枚，萼嘴粗大；果实9月上旬成熟。'红双喜石榴'与近似品种比较的主要不同点如下：

品种名称	树形	叶片	萼嘴	果皮
'红双喜石榴'	紧凑、多短枝	厚且大	粗大	厚
'红如意石榴'	稀疏	薄而小	中等	中等

晚霞

（山茶属）

联系人：王湘南

联系方式：0731-85578759　　国家：中国

申请日：2011-8-3
申请号：20110080
品种权号：20120139
授权日：2012-12-26
授权公告号：第1302号
授权公告日：2012-12-26
品种权人：湖南省林业科学院
培育人：陈永忠、王德斌

品种特征特性：'晚霞'是通过普通油茶优树资源选育获得。冠形紧凑，树高 2.0～3.2m，分枝力强；叶椭圆形稍阔，叶片长 4.0～7.6cm，宽 2.2～4.0cm，背面有明显散生腺点或纹路，略粗糙，锯齿浅或钝；花径 6.0～8.8cm，花瓣 5～8 枚，白色，先端 0～3 裂，柱头 3～5 浅裂；蒴果卵圆形或橄榄形，较大，果皮青红或红黄色，果径 3.0～4.5cm，果高 3.5～5.4cm，皮厚 2.0～4.3mm，鲜果出籽率 47.4%，干籽含油率 38.1%，种仁含油率 56.5%；油质优，油酸、亚油酸含量 88.8%左右；湖南花期 11 月～翌年 1 月，果熟期 10 月底。'晚霞'与近似品种比较的主要不同点如下：

品种名称	叶	枝	花	果实
'晚霞'	阔椭圆形，背面多散生腺点及脉络纹，略粗糙	枝条较纤细直立	花较大，花柱浅裂，花期较晚	较大，黄红色具浅棱和锈斑纹
'湘林 97'	椭圆形或长椭圆形，背面光滑	枝条较粗壮	花较小，花柱深裂至 1/2，花期中	中大，果皮无棱

赤霞

（山茶属）

联系人：王湘南
联系方式：0731-85578759　国家：中国

申请日：2011-8-3
申请号：20110081
品种权号：20120140
授权日：2012-12-26
授权公告号：第1302号
授权公告日：2012-12-26
品种权人：湖南省林业科学院
培育人：陈永忠、王德斌

品种特征特性：'赤霞'是通过普通油茶优树资源选育获得。冠形开张，树高2.0～3.0m；叶长椭圆或披针形，长4.5～8.0cm，宽2.0～3.3cm，背面有明显散生腺点，或有脉纹；花径5.5～8.8cm，花瓣5～8枚，白色，倒心形，长2.8～4.3cm，宽1.6～3.0cm，先端凹入，柱头3～4裂至2/3左右；果实卵圆形或橄榄形，果皮红棕或红黄色，具浅棱，果径2.7～4.1cm，果高3.3～4.4cm，鲜果出籽率45.3%，干籽含油率39.5%，种仁含油率58.6%，油质优；湖南花期10月下旬～12月下旬，果实成熟期10月下旬。'赤霞'与近似品种比较的主要不同点如下：

品种名称	叶	枝	花	果实
'赤霞'	叶细长，背面有明显散生腺点，或有脉纹	枝条较长较开张	花瓣5～8，较阔短，花柱深裂至2/3左右	卵圆形或橄榄形，两端略尖，红棕或红黄色，
'湘林69'	叶较大，背面或有少量散生腺点	枝条较短较直立	花瓣4～6，细长略反卷，花柱裂至1/3	球形或卵圆形，两端略圆，红色或黄红色

朝霞

（山茶属）

联系人：王湘南

联系方式：0731-85578759　　国家：中国

申请日：2011-8-3
申请号：20110082
品种权号：20120141
授权日：2012-12-26
授权公告号：第1302号
授权公告日：2012-12-26
品种权人：湖南省林业科学院
培育人：陈永忠、王德斌、王湘南、彭邵锋

品种特征特性：'朝霞'是通过普通油茶天然杂交实生苗选育获得。树冠圆头形，树高 2.0～3.0m；叶椭圆或长椭圆形，长 4.3～8.0cm，宽 2.2～3.8cm；花径 5.5～7.5cm，花瓣 5～6 枚，白色，倒心形，先端凹入，柱头 3～4 裂至 1/2 左右；蒴果卵圆形，中偏大，果皮红、青红或黄红色，果径 3.0～4.2cm，果高 3.6～4.7cm，2～3 心室，鲜果出籽率 47.2%，干籽含油率 38.4%，种仁含油率 57.8%，油质优；湖南花期 11 月～翌年 1 月，果熟期 10 月下旬。'朝霞' 与近似品种比较的主要不同点如下：

品种名称	叶	枝	花	果实
'朝霞'	叶中等或较大，椭圆或长椭圆形，背面光滑	枝条粗壮开张	花径 5.5～7.8cm，花瓣先端 1 裂，花柱 3 裂至 1/3～1/2	卵圆形，先端略尖
'湘林 1'	叶中等，阔椭圆形，背面有明显密集散生腺点及脉纹	枝条纤细直立	花径 6.0～8.7cm，花瓣先端凹入，花柱 3～5 浅裂	卵圆形或橄榄形
'湘林 69'	叶较大，椭圆或长椭圆形，背面或有少量散生腺点	枝条短较直立	花径 6.0～9.0cm，花瓣内凹深，花柱 3～4 浅裂至 1/3	球形或卵圆形，红或黄红色，先端略圆

秋霞

（山茶属）

联系人：王湘南
联系方式：0731-85578759　国家：中国

申请日：2011-8-3
申请号：20110083
品种权号：20120142
授权日：2012-12-26
授权公告号：第1302号
授权公告日：2012-12-26
品种权人：湖南省林业科学院
培育人：陈永忠、王德斌、王湘南、彭邵锋

品种特征特性：'秋霞'是通过普通油茶优树资源选育获得。树高1.8～2.8m，叶椭圆或长椭圆形，长4.0～8.0cm，宽2.0～4.0cm，边缘锯齿细密，叶背面光；花径4.2～7.5cm，花瓣5～8枚，白色，倒心形，先端凹入；花药色浅，偶有瓣化现象，花粉量少，花柱4～5裂至1/2上下；蒴果近球形，果皮青黄色具锈斑纹，果径3.0～4.4cm，果高2.9～4.2cm，鲜果出籽率44.3%，干籽含油率38.2%，种仁含油率57.5%，油质优；湖南花期10月中旬～12月中下旬，果熟期10月下旬。'秋霞'与近似品种比较的主要不同点如下：

品种名称	叶	枝	花	果实
'秋霞'	叶片边缘锯齿细密，背面光	枝条粗壮，抽梢期稍早	花径4.2～7.5cm，花柱裂至1/2左右	青黄近球形，具锈斑纹或脐
'湘林5'	叶片边缘略曲，背面有明显散生腺点或疏毛	枝条纤细柔软，抽梢期稍晚	花径5.5～8.8cm，花柱裂至基部或离生	青黄橘或球形

璞玉

（蔷薇属）

联系人：杨玉勇
联系方式：0871-7441128　国家：中国

申请日：2011-8-15
申请号：20110086
品种权号：20120143
授权日：2012-12-26
授权公告号：第1302号
授权公告日：2012-12-26
品种权人：昆明杨月季园艺有限责任公司
培育人：杨玉勇、蔡能、李俊、赖显凤

品种特征特性：'璞玉'是用母本'索菲亚'（Saphir）、父本'黑巴克'（Black Baccara）杂交选育获得。灌木型，枝条直立，粗细匀称、挺直；弯刺浅绿色，刺数量中等，偏小；花朵翘角盘状型，花径8～11cm，花瓣数15～25枚；花瓣红色45B；叶片绿色纸质，中等偏小，叶脉清晰，小叶5～7枚，近花葶处3～5片叶为3枚完整小叶；切花产量20～22枝/株/年，切枝长度60～80cm，瓶插期7～10天。'璞玉'与近似品种比较的主要不同点如下：

品种名称	花瓣颜色
'璞玉'	红色45B
'索菲亚'	桃红色49A
'黑巴克'	黑红色46A

钻石

（蔷薇属）

联系人：杨玉勇

联系方式：0871-7441128　国家：中国

申请日：2011-8-15

申请号：20110092

品种权号：20120144

授权日：2012-12-26

授权公告号：第1302号

授权公告日：2012-12-26

品种权人：昆明杨月季园艺有限责任公司

培育人：杨玉勇、蔡能、李俊、赖显凤

品种特征特性：'钻石'是用母本'保丽乐'（Bolero）、父本'雄师'（Leonodas）杂交选育获得。灌木型，枝条直立，硬挺，枝条偏细；皮刺小，中等偏少，红色斜直刺；花朵高芯翘角型，花径6～9cm，花瓣数25～30枚；花瓣初开时呈暗粉色36C，花末期转为绿色142B；花萼片边缘延伸很强；叶中等，纸质绿色，叶脉清晰，小叶多3枚和5枚，偶有7枚，顶端小叶卵形；切枝长度60～90cm，切花产量18～20枝／株／年，瓶插期15～20天。'钻石'尚未公开销售。'钻石'与近似品种比较的主要不同点如下：

品种名称	花瓣颜色
'钻石'	花初开时呈暗粉色36C，末期绿色142B
'保丽乐'	乳黄色4D
'雄师'	正面橘红色34A，背面黄色16B

红颜

（蔷薇属）

联系人：杨玉勇
联系方式：0871-7441128　　国家：中国

申请日：2011-8-15
申请号：20110093
品种权号：20120145
授权日：2012-12-26
授权公告号：第1302号
授权公告日：2012-12-26
品种权人：昆明杨月季园艺有限责任公司
培育人：杨玉勇、蔡能、李俊、赖显凤

品种特征特性：'红颜'是用母本'波塞尼娜'（Porcelina）、父本'花房'杂交选育获得。灌木型，枝条直立，粗壮硬挺；皮刺大小中等，数量多，基部粉色，尖黄色，平直或斜直，有毛刺；花朵平瓣盘状型，微卷，花径7～9cm，花瓣数25～30枚；花瓣呈鲜红色44B；叶大小中等，革质绿色，叶脉清晰，小叶5枚，偶有7枚，顶端小叶宽椭圆形；6～9个侧花枝，每个侧花枝花数1～3朵，多为1朵；单朵花花期10～15天；切枝长度60～70cm，切花瓶插期10～15天。'红颜'与近似品种比较的主要不同点如下：

品种名称	花瓣颜色
'红颜'	鲜红色44B
'波塞尼娜'	粉色57A
'花房'	红色43A

岱康枣

（枣）

联系方式：0538-6212671　　国家：中国

申请号：20110105
品种权号：20120146
授权日：2012-12-26
授权公告号：第1302号
授权公告日：2012-12-26
品种权人：泰安市泰山林业科学研究院
培育人：冯殿齐、赵进红、王玉山、王迎、张辉

品种特征特性：'岱康枣'是通过实生选育获得。树势强健，树冠开张，树形高大，干性较强，发枝力中等。一年生枝深褐色，皮孔小，数量少，棘针长。枣吊中等长；叶片窄长，呈披针形，平均叶长 5.24cm、叶宽 2.93cm。花量中等，丰产稳产，3～4 年生为初果期，5 年后进入盛果期。果实大，圆柱形，平均单果质量 12.38g；果面光滑，果皮中厚，赭红色；果肉中等厚，白色，较松脆，汁液中多；果核纺锤形，单核重 0.39g。脆熟期果实含可溶性固形物 32.54%，含糖 31.49%，有机酸 0.44%，维生素 C3.82mg/g，果实可食率 94.40%，制干率高达 42.38%。'岱康枣'与近似品种比较的主要不同点如下：

品种名称	果实成熟期	枣疯病感病株率
'岱康枣'	9 月下旬至 10 月上旬	22.8%
'长红枣'	10 月上中旬	100%

中国林业植物授权新品种（2012）

93

金焰彩栾

联系人：黄利斌
联系方式：025-52745040　国家：中国

申请日：2011-9-25
申请号：20110106
品种权号：20120147
授权日：2012-12-26
授权公告号：第1302号
授权公告日：2012-12-26
品种权人：江苏省林业科学研究院
培育人：黄利斌、梁珍海、窦全
琴、董筱昀、蒋泽平、杨勇

品种特征特性：'金焰彩栾'是通过实生选育获得。落叶乔木，生长迅速，年均树高生长量超过1m，胸径生长量超过1.0cm。二回羽状复叶，小叶全缘；春季萌发的新叶呈橘黄色，持续一个月左右，5月中旬开始叶色转变成黄绿色，9月后叶色转变成金黄色，直至11月底落叶。据对叶片色素含量分析结果，其叶片呈色机理主要表现为春季叶内的类胡萝卜素增加，而秋季叶内的叶绿素含量减少。1年生枝条呈金黄色，2～3年生枝条呈黄色，4年生以后，枝条由黄色逐渐转变成灰褐色。'金焰彩栾'与黄山栾树比较的主要不同点如下：

品种名称	叶色	枝条颜色
'金焰彩栾'	新叶橘黄色，5月转变成黄绿色，9月后变成金黄色	1年生枝条金黄色，2～3年生枝条黄色
黄山栾树	绿色	灰褐色

锦绣含笑

（含笑属）

联系人：黄利斌
联系方式：025-52745040　　国家：中国

申请日：2011-9-25
申请号：20110107
品种权号：20120148
授权日：2012-12-26
授权公告号：第1302号
授权公告日：2012-12-26
品种权人：江苏省林业科学研究院
培育人：黄利斌、窦全琴、董筱昀、张敏、李晓储

品种特征特性：'锦绣含笑'是通过自然变异单株选育获得。常绿高大乔木，生长迅速，顶端优势明显，主干通直，树冠呈尖塔形，侧枝稍平展、分层。叶片圆形或倒卵形，叶背面绿色无白粉，幼芽和幼枝也无白粉。8年生时开始开花结实，花白色。'锦绣含笑'与深山含笑比较的主要不同点如下：

品种名称	叶背颜色
'锦绣含笑'	绿色无白粉
深山含笑	灰白色具白粉

松韵

（松属）

联系人：杨章旗

联系方式：0771-2319866　国家：中国

申请日：2012-1-11

申请号：20120006

品种权号：20120149

授权日：2012-12-26

授权公告号：第1302号

授权公告日：2012-12-26

品种权人：广西壮族自治区林业科学研究院

培育人：杨章旗、李炳寿、白卫国

品种特征特性：'松韵'是从马尾松人工林中选育获得。'松韵'为常绿高大乔木，树干通直，生长旺盛，树冠茂密葱郁。树皮红褐色，不规则鳞片状开裂。枝条斜展。针叶2针1束，偶有3针1束，叶色翠绿，长10～20cm，细软，下垂或微下垂，叶鞘宿存。花单性，雌雄同株。球果卵圆形，长4～7cm，径2～4cm。种子卵圆形，长4～6mm，边翅长2～3cm。松韵生长迅速，节间较长，树高和胸径分别比对照马尾松增益12.7%和16.3%。原株在连续3次松毒蛾和松毛虫混合虫害的大发生中抗性优良，且经过2次原地和异地嫁接保存后通过针叶喂食实验其抗虫性表现稳定，具有良好稳定的抗虫能力。'松韵'与马尾松比较的主要不同点如下：

	'松韵'	马尾松
枝条节间	较长	较短
叶色	翠绿	墨绿
生长量	树高和胸径比对照马尾松增益12.7%和16.3%	树高和胸径比松韵减少12.7%和16.3%
抗虫性	抗松毒蛾和松毛虫	抗虫性差

丽红

（槭属）

联系人：王永格
联系方式：010-64717648　国家：中国

申请日：2012-2-10
申请号：20120016
品种权号：20120150
授权日：2012-12-26
授权公告号：第1302号
授权公告日：2012-12-26
品种权人：北京市园林科学研究所
培育人：古润泽、丛日晨、周忠樑、王永格、常卫民

品种特征特性：'丽红'是由元宝枫实生变异选育获得。树冠伞形或倒广卵形，小枝细，淡黄色；叶红色，单叶对生，掌状 5 裂，裂片先端渐尖，叶基通常截形，少心形；花小，黄绿色，花期 4 月；翅果似元宝，两翅多开展成直角，少有钝角，翅与果近于等长。'丽红'与元宝枫比较的主要不同点如下：

	'丽红'	元宝枫
秋季叶色	血红色	橙黄色或砖红色

黄淮1号杨

（杨属）

联系人：黄秦军
联系方式：010-62889661 国家：中国

申请日：2012-4-19
申请号： 20120055
品种权号：20120151
授权日：2012-12-26
授权公告号：第1302号
授权公告日：2012-12-26
品种权人：中国林业科学研究院
林业研究所
培育人：苏晓华、赵自成、黄秦军、苏雪辉、张香华、李喜林

品种特征特性：'黄淮1号杨'是用母本美洲黑杨'50杨'、父本美洲黑杨'10/17杨'经杂交育种获得。'黄淮1号杨'为雌株，具有典型的美洲黑杨形态特征。树干通直圆满，树皮黑灰色，粗糙，纵裂，且裂痕较深，冠中等，侧枝中等偏大，轮生处较为密集，层间距大，中上部树皮光滑且有明显马蹄痕，树皮有团状不规则纵裂，色青白色。短枝叶叶尖细窄渐尖，叶基圆楔形，长枝叶叶尖细窄渐尖，叶基微心形，叶缘具均匀锯齿。一年生苗干浅铁灰色，有棱角具中等沟槽，3月底放幼叶红绿色，侧枝多。'黄淮1号杨'与近似品种比较的主要不同点如下：

	'黄淮1号杨'	'50杨'
1年生叶基	微心形	心形
1年生叶脉	浅红	深红
1年生幼茎	深红，腺点多且长	浅红，腺点少而短

黄淮2号杨

（杨属）

联系人：黄秦军

联系方式：010-62889661 国家：中国

申请日：2012-4-19

申请号：20120056

品种权号：20120152

授权日：2012-12-26

授权公告号：第1302号

授权公告日：2012-12-26

品种权人：中国林业科学研究院林业研究所

培育人：苏晓华、赵自成、黄秦军、苏雪辉、张香华、李喜林

品种特征特性：'黄淮2号杨'是用母本美洲黑杨'50杨'、父本美洲黑杨'10/17杨'经杂交育种获得。'黄淮2号杨'为雄株，树干通直圆满，冠中等偏大，侧枝粗大，分布稀疏。树皮青灰白色，5年生大树仍较为光滑，有明显的马蹄痕，主干下基部有不规则块状纵裂，中部树皮分布有菱形皮孔，上部树皮光滑，青色逐渐加深。短枝叶叶尖细窄渐尖，叶基圆楔形，长枝叶叶尖细窄渐尖，叶基微心形，叶缘具均匀锯齿。'黄淮2号杨'与近似品种比较的主要不同点如下：

	'黄淮2号杨'	'50杨'
1年生叶片	小，近等腰三角形	大，长三角形
1年生叶脉	浅红	深红
幼树皮	浅裂	纵裂

黄淮3号杨

（杨属）

联系人：黄秦军
联系方式：010-62889661　国家：中国

申请日：2012-4-19

申请号：20120057

品种权号：20120153

授权日：2012-12-26

授权公告号：第1302号

授权公告日：2012-12-26

品种权人：中国林业科学研究院林业研究所

培育人：苏晓华、黄秦军、赵自成、于一苏、苏雪辉、吴中能

品种特征特性：'黄淮3号杨'是用母本美洲黑杨'50杨'、父本美洲黑杨'10/17杨'经杂交育种获得。'黄淮3号杨'为雌株，具有典型的美洲黑杨形态特征。树干通直圆满；树皮灰黑色偏黄，树皮纵裂，裂痕浅，裂痕处土黄色；冠中等，侧枝中等偏小，侧枝轮生处分布密集；中部以上树皮光滑，色青灰。短枝叶叶尖细窄渐尖，叶基截形，长枝叶叶尖细窄渐尖，叶基微心形，叶缘具均匀锯齿，起微波浪。'黄淮3号杨'与近似品种比较的主要不同点如下：

	'黄淮3号杨'	'50杨'
1年生叶片	小，长近等于宽	大，长大于宽
1年生叶脉	浅红	深红
幼茎颜色	绿	浅红

多抗杨2号

（杨属）

联系人：苏晓华
联系方式：010-62889627 国家：中国

申请日：2012-4-19
申请号：20120058
品种权号：20120154
授权日：2012-12-26
授权公告号：第1302号
授权公告日：2012-12-26
品种权人：中国林业科学研究院林业研究所
培育人：苏晓华、张冰玉、黄荣峰、胡赞民、田颖川、黄秦军、姜岳忠、张香华、褚延广

品种特征特性：'多抗杨2号'是通过外源基因导入'库安托杨'经选育获得。'多抗杨2号'具有典型的欧美杨形态特征。树干通直，窄冠，树皮粗裂，皮孔菱形；叶片为三角形，叶厚，深绿色，叶缘皱具波浪形；叶芽长6mm左右，宽而较钝，顶端褐色，基部淡绿色；叶芽与茎干紧密相贴，干部棱线明显。该品种造林成活率高。室内生长和抗性测定结果表明，具有较强的抗干旱、耐盐、耐涝以及抗鞘翅目害虫（柳蓝叶甲）的能力。'多抗杨2号'与近似品种比较的主要不同点如下：

	'库安托杨'	'多抗杨2号'
基因	非转基因	含JERF36、SacB、vgb、BtCry3A+OC-1外源基因
抗性	抗干旱、耐盐、耐涝、抗虫能力一般	较强的抗干旱、耐盐、耐涝、抗虫能力

多抗杨3号

（杨属）

联系人：苏晓华

联系方式：010-62889627　国家：中国

申请日： 2012-4-19
申请号： 20120059
品种权号： 20120155
授权日： 2012-12-26
授权公告号： 第1302号
授权公告日： 2012-12-26
品种权人： 中国林业科学研究院林业研究所
培育人： 苏晓华、张冰玉、黄秦军、胡赞民、黄荣峰、田颖川、姜英淑、于雷、丁昌俊

品种特征特性：'多抗杨3号'是通过外源基因导入'库安托杨'经选育获得。'多抗杨3号'具有典型的欧美杨形态特征。树干通直，窄冠，树皮粗裂，皮孔菱形；叶片为三角形，叶厚，深绿色，叶缘皱具波浪形；叶芽长6mm左右，宽而较钝，顶端褐色，基部淡绿色；叶芽与茎干紧密相贴，干部棱线明显。该品种造林成活率高。室内生长和抗性测定结果表明，具有较强的抗干旱、耐盐、耐涝和抗鞘翅目害虫的能力。'多抗杨3号'与近似品种比较的主要不同点如下：

	'库安托杨'	'多抗杨3号'
基因	非转基因	含 JERF36、SacB、vgb、BtCry3A+OC-1 外源基因
抗性	抗干旱、耐盐、耐涝、抗虫能力一般	较强的抗干旱、耐盐、耐涝、抗虫能力

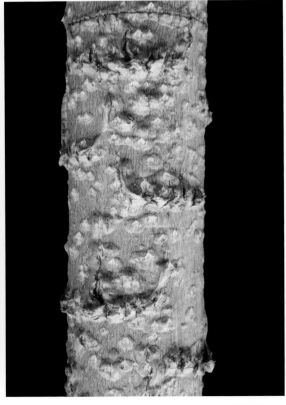

红霞

（杨属）

联系人：张长城
联系方式：13908186236　国家：中国

申请日：2012-5-4
申请号：20120060
品种权号：20120156
授权日：2012-12-26
授权公告号：第1302号
授权公告日：2012-12-26
品种权人：张长城
培育人：张长城

品种特征特性：'红霞'由'中红杨'芽变选育获得。高大落叶乔木，树干通直、挺拔，树皮纵向裂纹；新生枝条表皮光滑，四季均为粉红色；叶片心型，叶面光滑无毛，叶缘钝据齿；春季展叶及新发嫩枝均为鲜艳丽亮丽的大红色，随叶片增大叶片逐渐变为粉红色，秋末冬初落叶前所有叶片均变为粉红色；雄株，不会形成飞絮，无果。'红霞'与近似品种比较的主要不同点如下：

	'红霞'	'中红杨'
3月～5月叶色	大红色～粉红色	紫红色
5月～9月叶色	大红色～粉红色	褐绿色
9月～10月叶色	大红色～粉红色	深绿色
10月～落叶前	大红色～粉红色	橘红或金黄色
四季枝条颜色	粉红色	紫红色

优雅

（银杏）

联系人：王迎

联系方式：0538-6302009　国家：中国

申请日：2012-5-17
申请号：20120064
品种权号：20120157
授权日：2012-12-26
授权公告号：第1302号
授权公告日：2012-12-26
品种权人：郭善基
培育人：郭善基、王迎、张泰岩、黄迎山、宋承东

品种特征特性：'优雅'是在银杏品种资源圃中选育获得。落叶乔木。树皮灰褐色，深纵裂。枝条自然下垂，形成伞形树冠，发枝力和成枝力均强。本品种为雌性早果类型。叶片多扇形，少数三角形。雌株，雌球花有长梗，梗端有1～2盘状珠座，每座生1胚珠，发育成种子。种子核果状，近球形，外种皮肉质，有白粉。10～11月果熟，熟时淡黄或橙黄色，有臭味。中种皮骨质，白色；内种皮膜质。'优雅'与近似品种比较的主要不同点如下：

	'优雅'	'泰山玉帘'
枝条伸展姿态	枝条横斜伸展，后弯曲下垂枝端略有上翘，经修剪后，枝条连续下垂	枝条先横向伸展，后缓慢弯曲下垂但不能连续下垂
叶片形状	大部为扇形	人字形、扇形或半圆形
叶片大小	大	小

中国林业植物授权新品种（2012）

甜心

（银杏）

联系人：王迎

联系方式：0538-6302009　国家：中国

申请日：2012-5-17
申请号：20120065
品种权号：20120158
授权日：2012-12-26
授权公告号：第1302号
授权公告日：2012-12-26
品种权人：郭善基
培育人：王迎、郭善基、张泰岩、黄迎山、宋承东

品种特征特性：'甜心'是在银杏品种资源圃中选育获得。落叶乔木。树皮灰褐色，深纵裂。树势强健，发枝力强，成枝率高。叶片多扇形，少数三角形。雌株，雌球花有长梗，梗端有1～2盘状珠座，每座生1胚珠，发育成种子。种子核果状，近球形，外种皮肉质，有白粉。10～11月果熟，熟时淡黄或橙黄色，有臭味。中种皮骨质，白色；内种皮膜质。 成熟的银杏种实呈正圆形，端部稍见突尖，浆汁外种皮暗黄色，被薄白粉。脱皮后的银杏种核（即白果），圆形、骨质、白色，两面隆起，两侧具窄翼，单粒白果均重2.848g，公斤粒数351粒，出核率26.4%。'甜心'与近似品种比较的主要不同点如下：

	'甜心'	'金坠子'
种核	圆形，两面隆起。空胚率20%～30%。烘烤后的种仁甜味	长卵形，两端窄狭。空胚率1%～2%。烘烤后的种仁苦味
叶片中裂	不明显	明显

魁梧

（银杏）

联系人：王迎

联系方式：0538-6302009 国家：中国

申请日：2012-5-17

申请号：20120066

品种权号：20120159

授权日：2012-12-26

授权公告号：第1302号

授权公告日：2012-12-26

品种权人：郭善基

培育人：郭善基、王迎、张泰岩、黄迎山、宋承东

品种特征特性：'魁梧'是在银杏品种资源圃中选育获得。落叶乔木。树皮灰褐色，深纵裂。叶扇形，在长枝上螺旋状散生，在短枝上簇生。主干挺直，侧枝粗短，所有侧枝均沿树干斜上生长，春夏季呈绿柱状。秋冬落叶后，树冠呈扫帚状。本品种为雄性，雄球花如柔荑花序状，长1.5～2.0cm，雄蕊排列疏松，具短梗，长1～2mm，花药长椭圆形。

'魁梧'与普通银杏比较的主要不同点如下：

	'魁梧'	普通银杏
冠形	圆柱状	广卵状
侧枝	粗短强劲	细长柔韧
叶片大小	大	小

毅杨1号

（杨属）

联系人：冯秀兰

联系方式：13611048989　国家：中国

申请日：2012-7-5

申请号：20120100

品种权号：20120160

授权日：2012-12-26

授权公告号：第1302号

授权公告日：2012-12-26

品种权人：北京林业大学

培育人：张志毅、冯秀兰、张德强、张有慧、李赟、张峰、许兴华、李善文、安新民、赵曦阳

品种特征特性：'毅杨1号'是用母本毛新杨（*P. tomentosa* × *P. bolleana*）、父本'截叶毛白杨'（*P. tomentosa* 'Truncata'）杂交选育而成。该品种为雄株，树干通直，树皮灰绿色，光滑。皮孔小，菱形，部分皮孔连生。树形开展，侧枝粗度中等，分枝角大于45°；叶片大而浓绿，长枝叶阔卵形，先端渐尖，基部心形，叶背部多绒毛，三浅裂，有不规则锯齿；短枝叶卵圆形，先端渐尖，基部心形，叶背部分有绒毛；叶芽红褐色，多绒毛。发叶早，落叶晚，抗叶锈病，褐斑病和煤污病。'毅杨1号'与近似品种比较的主要不同点如下：

品种	'毅杨1号'	'鲁毛50'
长枝叶片叶缘	三浅裂	锯齿
短枝叶片叶基	心形	截型

毅杨2号

（杨属）

联系人：冯秀兰

联系方式：13611048989　国家：中国

申请日：2012-7-5

申请号：20120101

品种权号：20120161

授权日：2012-12-26

授权公告号：第1302号

授权公告日：2012-12-26

品种权人：北京林业大学

培育人：张志毅、冯秀兰、安新民、李赟、张有慧、边金亮、许兴华、张德强、李善文、赵曦阳

品种特征特性：'毅杨2号'是用母本毛新杨（*P. tomentosa* × *P. bolleana*）、父本'截叶毛白杨'（*P. tomentosa* 'Truncata'）杂交选育而成。该品种为雌株，树干通直，树皮绿色或灰绿色，光滑。皮孔小，菱形，散生。树形开展，侧枝粗度较细，分枝角大于45°；叶片大而浓绿，长枝叶阔卵形，叶片长宽比1.0，先端渐尖，基部心形，叶背部多绒毛，叶缘浅裂，有锯齿；短枝叶卵形，先端渐尖，基部截形，叶缘不规则圆锯齿，叶背较少有绒毛；叶芽红褐色，多绒毛；发叶早，落叶晚，抗叶锈病，褐斑病和煤污病。'毅杨2号'与近似品种比较的主要不同点如下：

品种	'毅杨2号'	'鲁毛50'
长枝叶片叶缘	浅裂	锯齿
长枝叶片长宽比	1.0	1.4

毅杨3号

（杨属）

联系人：冯秀兰
联系方式：13611048989   国家：中国

申请日：2012-7-5
申请号：20120102
品种权号：20120162
授权日：2012-12-26
授权公告号：第1302号
授权公告日：2012-12-26
品种权人：北京林业大学
培育人：张志毅、冯秀兰、赵曦阳、边金亮、许兴华、张有慧、李赟、张德强、何承忠、安新民

品种特征特性：'毅杨3号'是用母本毛新杨（*P. tomentosa × P. bolleana*）、父本'鲁毛50'（*P. tomentosa* 'LM50'）杂交选育而成。该品种为雄株，树干通直，树皮灰绿色，光滑。皮孔小，菱形，散生。窄冠，分枝角小于45°；侧枝较细；叶片大而浓绿，长枝叶阔卵形，先端急尖，基部心形，叶背部多绒毛，叶缘有锯齿；短枝叶卵圆形，先端渐尖，基部截形，叶背较少有绒毛，叶缘有锯齿；叶芽红褐色，多绒毛；发叶早，落叶晚，抗叶锈病，褐斑病和煤污病；速生且造林不蹲苗。'毅杨3号'与近似品种比较的主要不同点如下：

品种	'毅杨3号'	'鲁毛50'
分枝角	小于45°	大于45°
长枝叶片叶尖	急尖	渐尖

毅杨4号

（杨属）

联系人：冯秀兰

联系方式：13611048989　国家：中国

申请日：2012-7-5
申请号：20120103
品种权号：20120163
授权日：2012-12-26
授权公告号：第1302号
授权公告日：2012-12-26
品种权人：北京林业大学
培育人：张志毅、冯秀兰、李善文、许兴华、王春生、张有慧、李赞、张德强、安新民、赵曦阳

品种特征特性：'毅杨4号'是用母本毛新杨（*P. tomentosa* × *P. bolleana*）、父本银腺杨'84K'（*P. alba* × *P. glandulosa* '84K'）杂交选育而成。该品种为雄株，树干通直，树皮白色，光滑。皮孔较大，菱形，部分皮孔少数连生。树形稍开展，侧枝粗度较细，分枝角大于45°；叶片大而浓绿，长枝叶阔卵形，先端渐尖，基部截形，叶背部多绒毛，叶缘不规则浅裂；短枝叶菱状卵形，先端渐尖，基部楔形，叶缘不规则浅裂，叶背较少有绒毛；叶芽红褐色，多绒毛；发叶早，落叶晚，抗叶锈病，褐斑病和煤污病。'毅杨4号'与近似品种比较的主要不同点如下：

品种	'毅杨4号'	'鲁毛50'
树皮颜色	白色	绿色
短枝叶片叶基	楔形	截形

毅杨5号

（杨属）

联系人：冯秀兰
联系方式：13611048989　国家：中国

申请日：2012-7-5
申请号：20120104
品种权号：20120164
授权日：2012-12-26
授权公告号：第1302号
授权公告日：2012-12-26
品种权人：北京林业大学
培育人：张志毅、冯秀兰、张德强、安新民、李善文、赵曦阳、江锡兵、宋跃朋、孙丰波、史志伟

品种特征特性：'毅杨5号'是用母本美洲黑杨'I-69'（*Populus deltoides* 'Lux'）、父本'大青杨3号'（*Populus ussuriensis* cl. 'U3'）杂交选育而成。该品种苗期形态：1年生苗干通直，有棱角，茎通体绿色，短线形皮孔，中等密度；叶基平截，叶片先端尾尖，叶柄绿色，叶中脉基部红色，顶叶红色，叶长10.5～17.8cm，叶宽9.3～14.6cm；叶芽绿色三角形，贴近主干，顶芽红色。成年树形态：树干通直，圆满，尖削度小，顶端优势明显；树皮光滑，无开裂，青灰色；树冠卵形，冠幅中等；分枝中等粗度，侧枝层次明显，枝角75°～90°；皮孔凹陷，菱形，稀疏，不规则分布；叶片较大，数量多。'毅杨5号'与北京杨比较的主要不同点如下：

品种	'毅杨5号'	北京杨
树干皮棱	纵向皮棱	无皮棱
苗期叶片	叶基平截，叶柄绿色，叶中脉基部红色	叶基心形，叶柄红色，叶脉绿色

毅杨6号

（杨属）

联系人：冯秀兰
联系方式：13611048989　　国家：中国

申请日：2012-7-5
申请号：20120105
品种权号：20120165
授权日：2012-12-26
授权公告号：第1302号
授权公告日：2012-12-26
品种权人：北京林业大学
培育人：张志毅、冯秀兰、李善文、张德强、安新民、赵曦阳、李博、薄文浩、高程达、徐兰丽

品种特征特性：'毅杨6号'是用母本美洲黑杨'I-69'（*Populus deltoides* 'Lux'）、父本'大青杨3号'（*Populus ussuriensis* cl. 'U3'）杂交选育而成。该品种苗期形态：1年生苗干通直，棱角不明显，茎通体暗绿色，短线形皮孔，中等密度；叶基圆形，叶片先端突尖，叶柄红色，叶脉红色，顶叶红色。叶长在10～14.7cm，叶宽10.5～13.2cm；叶芽绿色三角形，贴近主干，偶有半贴近主干，顶芽绿色，顶部分泌少量黏液。成年树形态：树干通直，圆满，尖削度小，顶端优势明显；树皮光滑，无开裂，青灰色；树冠卵形，冠幅中等；分枝粗度中等，侧枝层次明显，枝角65°～90°；皮孔凹陷，菱形，稀疏，不规则分布；叶较大，数量多。'毅杨6号'与北京杨比较的主要不同点如下：

品种	'毅杨6号'	北京杨
树干皮棱	纵向皮棱	无皮棱
苗期叶片	叶基圆形，叶脉红色	叶基心形，叶脉绿色

毅杨7号

（杨属）

联系人：冯秀兰
联系方式：13611048989　国家：中国

申请日：2012-7-5
申请号：20120106
品种权号：20120166
授权日：2012-12-26
授权公告号：第1302号
授权公告日：2012-12-26
品种权人：北京林业大学
培育人：张志毅、冯秀兰、李善文、安新民、张德强、宋跃朋、赵曦阳、马开峰、张有慧、何承忠

品种特征特性：'毅杨7号'是用母本'大青杨4号'（*Populus ussuriensis* cl. 'U4'）、父本美洲黑杨'T66'（*Populus deltoides* 'T66'）杂交选育而成。该品种苗期形态：1年生苗干通直，有棱角，茎通体绿色，斑点形皮孔，较稀疏；叶基微心形，叶片先端渐尖，叶柄腹面微红，背面绿色，叶脉浅红色，顶叶略显红色，叶长13.5～18.5cm，叶宽8.9～13.2cm；叶芽绿色长三角形，贴近主干，顶芽红色，顶部分泌大量黏液。成年树形态：树干通直，圆满，尖削度小，顶端优势明显；树皮光滑，无开裂，青灰色；树冠长卵形，冠幅中等；分枝粗度中等，侧枝层次明显，枝角55°～85°；皮孔凹陷，长椭圆形，稀疏，不规则分布；叶中等，数量多。'毅杨7号'与北京杨比较的主要不同点如下：

品种	'毅杨7号'	北京杨
树干皮棱	纵向皮棱	无皮棱
苗期叶片	叶柄腹面微红，叶脉浅红色，顶叶略显红色	叶柄红色，叶脉绿色

毅杨8号

（杨属）

联系人：冯秀兰
联系方式：13611048989　　国家：中国

申请日：2012-7-5
申请号：20120107
品种权号：20120167
授权日：2012-12-26
授权公告号：第1302号
授权公告日：2012-12-26
品种权人：北京林业大学
培育人：张志毅、冯秀兰、安新民、李善文、张德强、江锡兵、赵曦阳、宋跃朋、张有慧、杨志岩

品种特征特性：‘毅杨8号’是用母本‘大青杨4号’（*Populus ussuriensis* cl.‘U4’）、父本美洲黑杨‘T26’（*Populus deltoides*‘T26’）杂交选育而成。该品种苗期形态：茎干通直，有棱角，茎通体绿色；短线形皮孔，稍稀疏。叶基宽楔形，叶片先端渐尖，叶柄绿色，叶脉绿色，顶叶绿色；叶长13.4～17.9cm，叶宽9.9～14.3cm；叶芽绿色三角形，贴近主干，顶芽绿色，顶部分泌少量黏液。成年树形态：树干通直，圆满，尖削度小，顶端优势明显；树皮光滑，无开裂，青灰色；树冠长卵形，冠幅中等；分枝粗度中等，侧枝层次明显，枝角65°～85°；皮孔凹陷，菱形，稀疏，不规则分布；叶较大，数量多。‘毅杨8号’与北京杨比较的主要不同点如下：

品种	‘毅杨8号’	北京杨
树干皮棱	纵向皮棱	无皮棱
苗期叶片	叶基宽楔形，叶柄绿色	叶基心形，叶柄红色

毅杨9号

（杨属）

联系人：冯秀兰
联系方式：13611048989　国家：中国

申请日：2012-7-5
申请号：20120108
品种权号：20120168
授权日：2012-12-26
授权公告号：第1302号
授权公告日：2012-12-26
品种权人：北京林业大学
培育人：张志毅、冯秀兰、张德
强、李善文、安新民、赵曦阳、
江锡兵、李博、薄文浩、王胜东

品种特征特性：'毅杨9号'是用母本'大青杨4号'（*Populus ussuriensis* cl. 'U4'）、父本美洲黑杨'T26'（*Populus deltoides* 'T26'）杂交选育而成。该品种苗期形态：1年生苗干通直，有棱角，茎通体绿色；短线形皮孔，中等密度；叶基宽楔形，叶片先端渐尖，叶柄中部红色，叶脉红色，顶叶红色，叶长14.4～17cm，叶宽12.4～15.4cm；叶芽绿色三角形，贴近主干，顶芽红色，顶部分泌少量黏液。成年树形态：树干通直，圆满，尖削度小，顶端优势明显；树皮光滑，无开裂，青灰色；树冠长卵形，冠幅中等；分枝粗度中等，侧枝层次明显，枝角75°～90°；皮孔凹陷，椭圆形，稀疏，不规则分布；叶较大，数量多。

'毅杨9号'与北京杨比较的主要不同点如下：

品种	'毅杨9号'	北京杨
树干皮棱	纵向皮棱	无皮棱
苗期叶片	叶基宽楔形，叶脉微红色	叶基心形，叶脉绿色

毅杨10号

（杨属）

联系人：冯秀兰

联系方式：13611048989　国家：中国

申请日：2012-7-5
申请号：20120109
品种权号：20120169
授权日：2012-12-26
授权公告号：第1302号
授权公告日：2012-12-26
品种权人：北京林业大学
培育人：张志毅、冯秀兰、赵曦阳、李善文、张德强、安新民、江锡兵、张有慧、马开峰、蔺胜军

品种特征特性：'毅杨10号'是用母本'大青杨4号'（*Populus ussuriensis* cl. 'U4'）、父本美洲黑杨'T26'（*Populus deltoides* 'T26'）杂交选育而成。该品种苗期形态：1年生苗干通直，有棱角，茎通体绿色，斑点、短线形皮孔交错；叶基宽楔形，叶片先端渐尖，叶柄朝阳面红色，叶脉红色，顶叶红色，叶长在13.8～17.8cm，叶宽11.8～17.4cm；叶芽绿色三角形，贴近主干，顶芽红色，顶部分泌少量黏液。成年树形态：树干通直，圆满，尖削度小，顶端优势明显；树皮光滑，无开裂，青灰色；树冠长卵形，冠幅中等；分枝粗度中等，侧枝层次明显，枝角80°～90°；皮孔凹陷，长椭圆形，稀疏，不规则分布；叶较大，数量多。'毅杨10号'与北京杨比较的主要不同点如下：

品种	'毅杨10号'	北京杨
树干皮棱	纵向皮棱	无皮棱
苗期叶片	叶基微心形，叶脉微红色	叶基心形，叶脉绿色

附 表

序号	品种名称	所属属种	申请人	申请号	申请日	品种权号	授权日	品种权人	培育人
1	玫玉	山茶属	上海植物园	20110036	2011-6-9	20120054	2012-7-31	上海植物园	费建国、胡永红、张亚利、刘炤、李健
2	俏佳人	山茶属	上海植物园	20110037	2011-6-9	20120055	2012-7-31	上海植物园	费建国、胡永红、张亚利、刘炤、李健
3	玉龙红翡	梅	北京林业大学、丽江得一食品有限责任公司、国家花卉工程技术研究中心	20110004	2011-1-27	20120056	2012-7-31	北京林业大学、丽江得一食品有限责任公司、国家花卉工程技术研究中心	张启翔、吕英民、程堂仁、王佳、李彦、蔡邦平、张强英、杨炜茹、潘会堂、孙明、潘卫华、邓黔云、李文静、张玲
4	宫粉照水	梅	北京林业大学、丽江得一食品有限责任公司、国家花卉工程技术研究中心	20110005	2011-1-27	20120057	2012-7-31	北京林业大学、丽江得一食品有限责任公司、国家花卉工程技术研究中心	张启翔、吕英民、程堂仁、王佳、李彦、蔡邦平、张强英、杨炜茹、潘会堂、孙明、孙丽丹、石文芳、潘卫华、邓黔云、李文静、张玲
5	玉龙绯雪	梅	丽江得一食品有限责任公司、北京林业大学、国家花卉工程技术研究中心	20110006	2011-1-27	20120058	2012-7-31	丽江得一食品有限责任公司、北京林业大学、国家花卉工程技术研究中心	潘卫华、张启翔、邓黔云、李文静、张玲、吕英民、程堂仁、王佳、李彦、张强英、潘会堂、孙明
6	丽云宫粉	梅	北京林业大学、昆明市黑龙潭公园、国家花卉工程技术研究中心	20110007	2011-3-3	20120059	2012-7-31	北京林业大学、昆明市黑龙潭公园、国家花卉工程技术研究中心	张启翔、华珊、程堂仁、吕英民、王佳、吴建新、聂雅萍、刘敬
7	锦粉	梅	北京林业大学、昆明市黑龙潭公园、国家花卉工程技术研究中心	20110008	2011-3-3	20120060	2012-7-31	北京林业大学、昆明市黑龙潭公园、国家花卉工程技术研究中心	张启翔、华珊、程堂仁、吕英民、王佳、吴建新、聂雅萍、刘敬
8	碗绿照水	梅	北京林业大学、昆明市黑龙潭公园、国家花卉工程技术研究中心	20110009	2011-3-3	20120061	2012-7-31	北京林业大学、昆明市黑龙潭公园、国家花卉工程技术研究中心	张启翔、华珊、程堂仁、吕英民、王佳、吴建新、聂雅萍、刘敬
9	晚云	梅	北京林业大学、昆明市黑龙潭公园、国家花卉工程技术研究中心	20110010	2011-3-3	20120062	2012-7-31	北京林业大学、昆明市黑龙潭公园、国家花卉工程技术研究中心	张启翔、华珊、程堂仁、吕英民、王佳、吴建新、聂雅萍、刘敬
10	皱波大宫粉	梅	昆明市黑龙潭公园、北京林业大学、国家花卉工程技术研究中心	20110011	2011-3-3	20120063	2012-7-31	昆明市黑龙潭公园、北京林业大学、国家花卉工程技术研究中心	张启翔、华珊、吴建新、聂雅萍、刘敬、程堂仁、吕英民、王佳
11	清馨	梅	昆明市黑龙潭公园、北京林业大学、国家花卉工程技术研究中心	20110012	2011-3-3	20120064	2012-7-31	昆明市黑龙潭公园、北京林业大学、国家花卉工程技术研究中心	张启翔、华珊、吴建新、聂雅萍、刘敬、程堂仁、吕英民、王佳
12	玉洁	山茶属	中国科学院昆明植物研究所	20100025	2010-5-27	20120065	2012-7-31	中国科学院昆明植物研究所	夏丽芳、冯宝钧、王仲朗、谢坚、沈云光、胡虹、严宁

序号	品种名称	所属属种	申请人	申请号	申请日	品种权号	授权日	品种权人	培育人
13	彩云	山茶属	中国科学院昆明植物研究所	20100026	2010-5-27	20120066	2012-7-31	中国科学院昆明植物研究所	夏丽芳、冯宝钧、王仲朗、谢坚、沈云光、胡虹、严宁
14	粉红莲	山茶属	中国科学院昆明植物研究所	20100027	2010-5-27	20120067	2012-7-31	中国科学院昆明植物研究所	夏丽芳、冯宝钧、王仲朗、谢坚、沈云光、胡虹、严宁
15	黄埔之浪	山茶属	棕榈园林股份有限公司	20110001	2011-1-4	20120068	2012-7-31	棕榈园林股份有限公司	谌光晖、钟乃盛、刘玉玲、周明顺
16	紫云	杜鹃花属	沃绵康	20110020	2011-3-17	20120069	2012-7-31	沃绵康	沃绵康
17	怡百合	杜鹃花属	沃绵康	20110021	2011-3-17	20120070	2012-7-31	沃绵康	沃绵康
18	火凤	杜鹃花属	沃绵康	20110022	2011-3-17	20120071	2012-7-31	沃绵康	沃绵康
19	丹粉	杜鹃花属	沃绵康	20110023	2011-3-17	20120072	2012-7-31	沃绵康	沃绵康
20	娇红1号	木兰属	北京林业大学	20100036	2010-6-30	20120073	2012-7-31	北京林业大学	马履一、王罗荣、刘鑫
21	霞光	樟属	宁波市林业局林特种苗繁育中心	20110025	2011-5-3	20120074	2012-7-31	宁波市林业局林特种苗繁育中心	王建军、汤社平、王爱军
22	玉女	木瓜属	上海植物园、上海交通大学、上海市园林工程有限公司	20110039	2011-6-22	20120075	2012-7-31	上海植物园、上海交通大学、上海市园林工程有限公司	费建国、胡永红、张亚利、刘群录
23	玉立	木瓜属	上海植物园、上海交通大学、上海市园林工程有限公司	20110040	2011-6-22	20120076	2012-7-31	上海植物园、上海交通大学、上海市园林工程有限公司	费建国、胡永红、张亚利、刘群录
24	翠玉碗	木瓜属	上海植物园、上海交通大学、上海市园林工程有限公司	20110041	2011-6-22	20120077	2012-7-31	上海植物园、上海交通大学、上海市园林工程有限公司	费建国、胡永红、张亚利、刘群录
25	常春1号	杜鹃花属	方永根	20110070	2011-8-1	20120078	2012-7-31	方永根	方永根
26	常春2号	杜鹃花属	方永根	20110071	2011-8-1	20120079	2012-7-31	方永根	方永根
27	盛春1号	杜鹃花属	方永根	20110072	2011-8-1	20120080	2012-7-31	方永根	方永根
28	盛春2号	杜鹃花属	方永根	20110073	2011-8-1	20120081	2012-7-31	方永根	方永根
29	盛春3号	杜鹃花属	方永根	20110074	2011-8-1	20120082	2012-7-31	方永根	方永根
30	盛春4号	杜鹃花属	方永根	20110075	2011-8-1	20120083	2012-7-31	方永根	方永根
31	品虹	桃花	北京市植物园	20120020	2012-2-20	20120084	2012-7-31	北京市植物园	张佐双、张秀英、胡东燕、刘坤良、张森、李燕、霍毅、曹颖
32	云星	含笑属	中国科学院昆明植物研究所	20110046	2011-7-13	20120085	2012-7-31	中国科学院昆明植物研究所	龚洵、张国莉、潘跃芝
33	云馨	含笑属	中国科学院昆明植物研究所	20110047	2011-7-13	20120086	2012-7-31	中国科学院昆明植物研究所	龚洵、潘跃芝、余姣君
34	云霞	含笑属	中国科学院昆明植物研究所	20110048	2011-7-13	20120087	2012-7-31	中国科学院昆明植物研究所	龚洵、潘跃芝、余姣君
35	云瑞	含笑属	中国科学院昆明植物研究所	20110049	2011-7-13	20120088	2012-7-31	中国科学院昆明植物研究所	龚洵、张国莉、潘跃芝
36	紫烟	榆叶梅	北京林业大学、国家花卉工程技术研究中心	20120089	2011-9-16	20120089	2012-7-31	北京林业大学、国家花卉工程技术研究中心	张启翔、张强英、程堂仁、罗乐、梁建国
37	红吉星	木兰属	棕榈园林股份有限公司、深圳市仙湖植物园管理处	20100087	2010-12-14	20120090	2012-7-31	棕榈园林股份有限公司、深圳市仙湖植物园管理处	王亚玲、张寿洲、吴桂昌、杨建芬

序号	品种名称	所属属种	申请人	申请号	申请日	品种权号	授权日	品种权人	培育人
38	彩云飞	芍药属	北京东方园林股份有限公司	20110096	2011-9-8	20120091	2012-7-31	北京东方园林股份有限公司	王莲英、李清道、王福、袁涛、马军
39	彩虹	芍药属	北京东方园林股份有限公司、北京林业大学	20110097	2011-9-8	20120092	2012-7-31	北京东方园林股份有限公司、北京林业大学	王莲英、袁涛、王福、李清道、马军、谭德远
40	金袍赤胆	芍药属	北京林业大学、北京东方园林股份有限公司	20110098	2011-9-8	20120093	2012-7-31	北京林业大学、北京东方园林股份有限公司	袁涛、王莲英、李清道、王福、马军
41	赤龙	芍药属	北京林业大学、北京东方园林股份有限公司	20110099	2011-9-8	20120094	2012-7-31	北京林业大学、北京东方园林股份有限公司	袁涛、王莲英、王福、李清道、马军、谭德远
42	金童玉女	芍药属	北京东方园林股份有限公司	20110100	2011-9-8	20120095	2012-7-31	北京东方园林股份有限公司	王莲英、李清道、王福、袁涛、马军、谭德远
43	香妃	芍药属	北京东方园林股份有限公司	20110101	2011-9-8	20120096	2012-7-31	北京东方园林股份有限公司	王莲英、李清道、袁涛、马军、谭德远
44	金鳞霞冠	芍药属	北京东方园林股份有限公司	20110102	2011-9-8	20120097	2012-7-31	北京东方园林股份有限公司	王莲英、袁涛、王福、李清道、马军、谭德远
45	金波	芍药属	北京东方园林股份有限公司	20110103	2011-9-8	20120098	2012-7-31	北京东方园林股份有限公司	王莲英、李清道、王福、袁涛、马军、谭德远
46	银翠	卫矛属	河南省红枫实业有限公司	20110076	2011-7-22	20120099	2012-7-31	河南省红枫实业有限公司	张丹、张家勋、张茂
47	玉盘	卫矛属	河南省红枫实业有限公司	20110078	2011-7-22	20120100	2012-7-31	河南省红枫实业有限公司	张丹、张家勋、张茂
48	洪豫	卫矛属	河南省红枫实业有限公司	20110079	2011-7-22	20120101	2012-7-31	河南省红枫实业有限公司	张丹、张家勋、张茂
49	烈焰	山茶属	广东省林业科学研究院	20100052	2010-8-11	20120102	2012-7-31	广东省林业科学研究院	徐斌、潘文、张方秋、朱报著、李永泉、王裕霞
50	郁金	山茶属	广东省林业科学研究院	20100053	2010-8-11	20120103	2012-7-31	广东省林业科学研究院	潘文、徐斌、张方秋、朱报著、李永泉、王裕霞
51	魁强	核桃属	中国林业科学研究院林业研究所	20120104	2011-11-22	20120104	2012-7-31	中国林业科学研究院林业研究所	王哲理、奚声珂、贾志明、徐虎智、张建武、裴东、许新桥
52	中宁奇	核桃属	中国林业科学研究院林业研究所	20120105	2011-11-22	20120105	2012-7-31	中国林业科学研究院林业研究所	裴东、奚声珂、张俊佩、徐虎智、王少明、张建武
53	中宁强	核桃属	中国林业科学研究院林业研究所	20120106	2011-11-22	20120106	2012-7-31	中国林业科学研究院林业研究所	裴东、奚声珂、徐虎智、张俊佩、王占霞、张建武
54	中宁异	核桃属	中国林业科学研究院林业研究所	20120107	2011-11-22	20120107	2012-7-31	中国林业科学研究院林业研究所	张俊佩、裴东、孟丙南、徐虎智、郭志民、徐惠敏、许新桥
55	银碧双辉	桂花	重庆比德夫园林有限公司	20110139	2011-12-13	20120108	2012-7-31	重庆比德夫园林有限公司	秦海英、雷兴华、杜华平、刘永文、吕运芬
56	宁杞8号	枸杞属	宁夏森淼种业生物工程有限公司	20120022	2012-2-28	20120109	2012-7-31	宁夏森淼种业生物工程有限公司	王锦秀、李健、沈效东、李永华、常红宇、王娅丽、南雄雄、王梦泽、田英、王昊

序号	品种名称	所属属种	申请人	申请号	申请日	品种权号	授权日	品种权人	培育人
57	宁杞9号	枸杞属	宁夏森淼种业生物工程有限公司	20120023	2012-2-28	20120110	2012-7-31	宁夏森淼种业生物工程有限公司	李健、王锦秀、王立英、黄占明、赵健、南雄雄、常红宇、秦彬彬、刘思洋、俞树伟
58	芳纯如嫣	蔷薇属	北京林业大学	20090049	2009-11-30	20120111	2012-7-31	北京林业大学	张启翔、叶灵军、罗乐、潘会堂、孙明、杨玉勇、于超
59	凌波仙子	蔷薇属	云南锦苑花卉产业股份有限公司	20090065	2009-12-26	20120112	2012-7-31	云南锦苑花卉产业股份有限公司	曹荣根、李广鹏、倪功、邓剑川
60	天山祥云	蔷薇属	伊犁师范学院奎屯校区	20100009	2010-1-18	20120113	2012-7-31	伊犁师范学院奎屯校区	郭润华、隋云吉、刘虹、张启翔、罗乐
61	蝶舞晚霞	蔷薇属	北京林业大学	20090052	2009-11-30	20120114	2012-7-31	北京林业大学	张启翔、潘会堂、罗乐、杨玉勇、白锦荣、孙明、于超
62	蜜月	蔷薇属	云南省农业科学院	20100006	2010-1-11	20120115	2012-7-31	云南省农业科学院	张颢、王其刚、李树发、蹇洪英、王继华、晏慧君、唐开学、邱显钦、张婷
63	粉红女郎	蔷薇属	云南省农业科学院	20100007	2010-1-11	20120116	2012-7-31	云南省农业科学院	张颢、李树发、王其刚、蹇洪英、邱显钦、唐开学、晏慧君、张婷、王继华
64	赤子之心	蔷薇属	云南省农业科学院	20100008	2010-1-11	20120117	2012-7-31	云南省农业科学院	张颢、王其刚、蹇洪英、李树发、张婷、唐开学、邱显钦、晏慧君、王继华
65	妃子笑	蔷薇属	北京林业大学	20090051	2009-11-30	20120118	2012-12-26	北京林业大学	张启翔、白锦荣、潘会堂、杨玉勇、孙明、罗乐、于超
66	月光	蔷薇属	云南锦苑花卉产业股份有限公司	20090066	2009-12-26	20120119	2012-12-26	云南锦苑花卉产业股份有限公司	倪功、曹荣根、李飞鹏、邓剑川
67	南林果4	银杏	南京林业大学	20100059	2010-9-6	20120120	2012-12-26	南京林业大学	曹福亮、汪贵斌、张往祥、郁万文、赵洪亮
68	南林果5	银杏	南京林业大学	20100060	2010-9-6	20120121	2012-12-26	南京林业大学	曹福亮、张往祥、郁万文、汪贵斌、宫玉臣
69	南林外1	银杏	南京林业大学	20100061	2010-9-6	20120122	2012-12-26	南京林业大学	曹福亮、郁万文、汪贵斌、张往祥、赵洪亮
70	南林外2	银杏	南京林业大学	20100062	2010-9-6	20120123	2012-12-26	南京林业大学	曹福亮、汪贵斌、张往祥、郁万文、赵洪亮
71	南林外3	银杏	南京林业大学	20100063	2010-9-6	20120124	2012-12-26	南京林业大学	曹福亮、张往祥、郁万文、汪贵斌、赵洪亮
72	南林外4	银杏	南京林业大学	20100064	2010-9-6	20120125	2012-12-26	南京林业大学	曹福亮、郁万文、汪贵斌、张往祥
73	翡翠1号	爬山虎属	中国林业科学研究院林业研究所	20100065	2010-9-10	20120126	2012-12-26	中国林业科学研究院林业研究所	孙振元、巨关升、韩蕾、钱永强
74	银脉1号	爬山虎属	中国林业科学研究院林业研究所	20100066	2010-9-10	20120127	2012-12-26	中国林业科学研究院林业研究所	孙振元、巨关升、韩蕾、钱永强

序号	品种名称	所属属种	申请人	申请号	申请日	品种权号	授权日	品种权人	培育人
75	秀山红	蔷薇属	云南丽都花卉发展有限公司、云南省农业科学院花卉研究所	20100081	2010-11-25	20120128	2012-12-26	云南丽都花卉发展有限公司、云南省农业科学院花卉研究所	朱应雄、蹇洪英、王其刚、张婷、晏慧君、邱显钦、张颖、唐开学、孙纲、刘亚萍
76	日丽	核桃属	山东省林业科学研究院、泰安市绿园经济林果树研究所	20110029	2011-4-29	20120129	2012-12-26	山东省林业科学研究院、泰安市绿园经济林果树研究所	侯立群、王钧毅、赵登超、韩传明、崔淑英、王翠香
77	普桉1号	桉属	嘉汉林业（广州）有限公司	20110042	2011-6-28	20120130	2012-12-26	嘉汉林业（广州）有限公司	廖柏勇、康汉华
78	普桉2号	桉属	嘉汉林业（广州）有限公司	20110043	2011-6-28	20120131	2012-12-26	嘉汉林业（广州）有限公司	廖柏勇、康汉华
79	花桥板栗2号	板栗	湖南省湘潭市林业科学研究所	20110044	2011-6-29	20120132	2012-12-26	湖南省湘潭市林业科学研究所	田应秋、梁及芝、黄志龙、周章柏、冯加生、朱天才
80	东方红	蔷薇属	中国农业大学	20110050	2011-7-18	20120133	2012-12-26	中国农业大学	俞红强
81	火凤凰	蔷薇属	中国农业大学	20110052	2011-7-18	20120134	2012-12-26	中国农业大学	俞红强
82	火焰山	蔷薇属	中国农业大学	20110053	2011-7-18	20120135	2012-12-26	中国农业大学	俞红强
83	香妃	蔷薇属	中国农业大学	20110055	2011-7-18	20120136	2012-12-26	中国农业大学	俞红强
84	岱健枣	枣	泰安市泰山林业科学研究院	20110068	2011-8-4	20120137	2012-12-26	泰安市泰山林业科学研究院	冯殿齐、赵进红、王玉山、王迎、张辉
85	红双喜石榴	石榴属	刘中甫	20110069	2011-8-7	20120138	2012-12-26	刘中甫	刘中甫
86	晚霞	山茶属	湖南省林业科学院	20110080	2011-8-3	20120139	2012-12-26	湖南省林业科学院	陈永忠、王德斌
87	赤霞	山茶属	湖南省林业科学院	20110081	2011-8-3	20120140	2012-12-26	湖南省林业科学院	陈永忠、王德斌
88	朝霞	山茶属	湖南省林业科学院	20110082	2011-8-3	20120141	2012-12-26	湖南省林业科学院	陈永忠、王德斌、王湘南、彭邵锋
89	秋霞	山茶属	湖南省林业科学院	20110083	2011-8-3	20120142	2012-12-26	湖南省林业科学院	陈永忠、王德斌、王湘南、彭邵锋
90	璞玉	蔷薇属	昆明杨月季园艺有限责任公司	20110086	2011-8-15	20120143	2012-12-26	昆明杨月季园艺有限责任公司	杨玉勇、蔡能、李俊、赖显凤
91	钻石	蔷薇属	昆明杨月季园艺有限责任公司	20110092	2011-8-15	20120144	2012-12-26	昆明杨月季园艺有限责任公司	杨玉勇、蔡能、李俊、赖显凤
92	红颜	蔷薇属	昆明杨月季园艺有限责任公司	20110093	2011-8-15	20120145	2012-12-26	昆明杨月季园艺有限责任公司	杨玉勇、蔡能、李俊、赖显凤
93	岱康枣	枣	泰安市泰山林业科学研究院	20110105	2011-9-14	20120146	2012-12-26	泰安市泰山林业科学研究院	冯殿齐、赵进红、王玉山、王迎、张辉
94	金焰彩栾	栾树属	江苏省林业科学研究院	20110106	2011-9-25	20120147	2012-12-26	江苏省林业科学研究院	黄利斌、梁珍海、窦全琴、董筱昀、蒋泽平、杨勇
95	锦绣含笑	含笑属	江苏省林业科学研究院	20110107	2011-9-25	20120148	2012-12-26	江苏省林业科学研究院	黄利斌、窦全琴、董筱昀、张敏、李晓储
96	松韵	松属	广西壮族自治区林业科学研究院	20120006	2012-1-11	20120149	2012-12-26	广西壮族自治区林业科学研究院	杨章旗、李炳寿、白卫国
97	丽红	槭属	北京市园林科学研究所	20120016	2012-2-10	20120150	2012-12-26	北京市园林科学研究所	古润泽、丛日晨、周忠樑、王永格、常卫民
98	黄淮1号杨	杨属	中国林业科学研究院林业研究所	20120055	2012-4-19	20120151	2012-12-26	中国林业科学研究院林业研究所	苏晓华、赵自成、黄秦军、苏雪辉、张香华、李喜林

序号	品种名称	所属属种	申请人	申请号	申请日	品种权号	授权日	品种权人	培育人
99	黄淮 2 号杨	杨属	中国林业科学研究院林业研究所	20120056	2012-4-19	20120152	2012-12-26	中国林业科学研究院林业研究所	苏晓华、赵自成、黄秦军、苏雪辉、张香华、李喜林
100	黄淮 3 号杨	杨属	中国林业科学研究院林业研究所	20120057	2012-4-19	20120153	2012-12-26	中国林业科学研究院林业研究所	苏晓华、黄秦军、赵自成、于一苏、苏雪辉、吴中能
101	多抗杨 2 号	杨属	中国林业科学研究院林业研究所	20120058	2012-4-19	20120154	2012-12-26	中国林业科学研究院林业研究所	苏晓华、张冰玉、黄荣峰、胡赞民、田颖川、黄秦军、姜岳忠、张香华、褚延广
102	多抗杨 3 号	杨属	中国林业科学研究院林业研究所	20120059	2012-4-19	20120155	2012-12-26	中国林业科学研究院林业研究所	苏晓华、张冰玉、黄秦军、胡赞民、黄荣峰、田颖川、姜英淑、于雷、丁昌俊
103	红霞	杨属	张长城	20120060	2012-5-4	20120156	2012-12-26	张长城	张长城
104	优雅	银杏	郭善基	20120064	2012-5-17	20120157	2012-12-26	郭善基	郭善基、王迎、张泰岩、黄迎山、宋承东
105	甜心	银杏	郭善基	20120065	2012-5-17	20120158	2012-12-26	郭善基	王迎、郭善基、张泰岩、黄迎山、宋承东
106	魁梧	银杏	郭善基	20120066	2012-5-17	20120159	2012-12-26	郭善基	郭善基、王迎、张泰岩、黄迎山、宋承东
107	毅杨 1 号	杨属	北京林业大学	20120100	2012-7-5	20120160	2012-12-26	北京林业大学	张志毅、冯秀兰、张德强、张有慧、李赟、张峰、许兴华、李善文、安新民、赵曦阳
108	毅杨 2 号	杨属	北京林业大学	20120101	2012-7-5	20120161	2012-12-26	北京林业大学	张志毅、冯秀兰、安新民、李赟、张有慧、边金亮、许兴华、张德强、李善文、赵曦阳
109	毅杨 3 号	杨属	北京林业大学	20120102	2012-7-5	20120162	2012-12-26	北京林业大学	张志毅、冯秀兰、赵曦阳、边金亮、许兴华、张有慧、李赟、张德强、何承忠、安新民
110	毅杨 4 号	杨属	北京林业大学	20120103	2012-7-5	20120163	2012-12-26	北京林业大学	张志毅、冯秀兰、李善文、许兴华、王春生、张有慧、李赟、张德强、安新民、赵曦阳
111	毅杨 5 号	杨属	北京林业大学	20120104	2012-7-5	20120164	2012-12-26	北京林业大学	张志毅、冯秀兰、张德强、安新民、李善文、赵曦阳、江锡兵、宋跃朋、孙丰波、史志伟
112	毅杨 6 号	杨属	北京林业大学	20120105	2012-7-5	20120165	2012-12-26	北京林业大学	张志毅、冯秀兰、李善文、张德强、安新民、赵曦阳、李博、薄文浩、高程达、徐兰丽
113	毅杨 7 号	杨属	北京林业大学	20120106	2012-7-5	20120166	2012-12-26	北京林业大学	张志毅、冯秀兰、李善文、安新民、张德强、宋跃朋、赵曦阳、马开峰、张有慧、何承忠

序号	品种名称	所属属种	申请人	申请号	申请日	品种权号	授权日	品种权人	培育人
114	毅杨 8 号	杨属	北京林业大学	20120107	2012-7-5	20120167	2012-12-26	北京林业大学	张志毅、冯秀兰、安新民、李善文、张德强、江锡兵、赵曦阳、宋跃朋、张有慧、杨志岩
115	毅杨 9 号	杨属	北京林业大学	20120108	2012-7-5	20120168	2012-12-26	北京林业大学	张志毅、冯秀兰、张德强、李善文、安新民、赵曦阳、江锡兵、李博、薄文浩、王胜东
116	毅杨 10 号	杨属	北京林业大学	20120109	2012-7-5	20120169	2012-12-26	北京林业大学	张志毅、冯秀兰、赵曦阳、李善文、张德强、安新民、江锡兵、张有慧、马开峰、茜胜军